江苏高校品牌专业建设工程项目（PPZY2015A063）

绿色基础设施与新城绿地
生态网络构建

赵晨洋　张青萍　著

东南大学出版社
SOUTHEAST UNIVERSITY PRESS
·南京·

图书在版编目(CIP)数据

绿色基础设施与新城绿地生态网络构建 / 赵晨洋,
张青萍著. —南京：东南大学出版社，2021.1
ISBN 978-7-5641-8770-5

Ⅰ.①绿⋯ Ⅱ.①赵⋯ ②张⋯ Ⅲ.①城市绿地—生
态系统—研究 Ⅳ.①S731.2

中国版本图书馆 CIP 数据核字(2019)第 296519 号

绿色基础设施与新城绿地生态网络构建

著　　者：赵晨洋　张青萍

出版发行：东南大学出版社

社　　址：南京市四牌楼 2 号　　邮编：210096

出 版 人：江建中

责任编辑：朱震霞

网　　址：http://www.seupress.com

电子邮箱：press@seupress.com

经　　销：全国各地新华书店

印　　刷：广东虎彩云印刷有限公司

开　　本：700 mm×1000 mm　1/16

印　　张：11.75

字　　数：260 千字

版　　次：2021 年 1 月第 1 版

印　　次：2021 年 1 月第 1 次印刷

书　　号：ISBN 978-7-5641-8770-5

定　　价：75.00 元

本社图书若有印装质量问题，请直接与营销部联系。电话:025-83791830

前　言

　　公元前 3000 年左右,世界上第一批城市出现在欧、亚、非三大洲连接处肥沃的河谷地带。虽然城市发展有悠久的历史,但城市化历史并不等同于城市发展史,城市化历史只有短短的 200 多年。直到在英国和欧洲其他国家相继发生工业革命以后,城市的规模和功能才发生革命性的变化,启动了近代意义上的城市化进程。17 世纪开始的工业革命,使城市(镇)走向迅速发展的道路,城市(镇)中人口数量持续增长,生产和消费高度集中,这种集聚效应提高了人们的生活水平,促进了社会经济发展,但同时造成了城镇的不断蔓延、扩张,城镇规模急剧扩大,对自然资源的消耗成倍增长,由此带来了一系列的城乡问题和危机。在过去的 200 年里,人类的活动范围已扩张到自然环境的各个角落,自然再不能按其原有的规律自由地发展。人类的行为决定了自然中什么可以生存,什么不可以。资源的开发和环境的污染对人类生存至关重要的生态系统产生潜在的巨大影响。早在 1991 年,世界卫生组织(WHO)的研究报告就指出:"世界正面临着自然环境的严重恶化和生活在城镇环境中的人们生活质量的加速下降这两大问题。"

　　从 20 世纪下半叶开始,世界范围内大规模的城市化不断地深入,世界人口迅速向城市集中,即世界人口城市化,它与工业并行发展,城市的数量不断增长,规模不断变大。1780 年世界城市人口只占总人口的 3.0%,1850 年达到 6.4%,1900 年上升到 13.6%,而到 1950 年已高达 28.2%,至 2008 年底世界上已有半数的人口为城市人口。由此可见,工业革命以来的 200 年间每隔 50 年世界城市化水平就翻一番。

　　而今世界上许多地方已经达到了高度的城市化,发达国家城市化率一般都在80% 以上,新加坡、中国香港则以 100% 的城市化率实现完全城市化。根据联合国人口基金会提供的数据,到 2000 年城市人口已达到 29.26 亿,城市化水平上升为47.52%。预计到 2025 年,全球有超过 50 亿的人生活在城市,城市化水平达61.07%。到 2050 年,分别有 64.1% 和 85.9% 的发展中国家人口和发达国家人口将成为城市人口。21 世纪将是一个城市化世纪,城市作为人类主要的聚居地已成为历史的必然。

　　世界城市化的另一主要特征是发展中国家城市人口迅速增长,从 1950 年到1990 年,世界城市人口增长了 15 亿。其中发达国家为 1.3 亿,而发展中国家为

10.7 亿。据测算,从 1975 年到 2000 年发达国家城市化水平每年提高约 0.86%,而发展中国家为 3.66%。预计从 2000 年到 2025 年发达国家城市化水平每年提高约 0.56%,而发展中国家约为 2.75%。

作为全世界最大的发展中国家,自从第十个五年计划实施以来,我国国民经济进入了持续高速增长期,城市化进入了快速发展时期,城市化增长率每年都超过 1 个百分点。近年来,中国科学研究院成立了可持续发展小组,该小组主持完成了《2012 中国新型城市化报告》,其结果表明:我国在 2011 年城市化人口达到 6.9 亿人左右,第一次超过全国农村总人口数,城市化率也首次超过 50%,达到 51.27%,这个比值对中国的城市化发展非常重要,揭示了我国已经迈进了城镇型社会。在 2015 年 1 月,国家统计局公布了 2014 年的相关经济数据,其表明在总人口中,城镇人口占总人口比达到 54.77%,我国用不到 40 年的时间完成超过 50% 的城市化率,预计到 2050 年将达到 70% 以上,城镇总人口将超过 10 亿。我国的城市化呈现出的规模大、速度快和集中化程度高的特点,在全世界范围都是极其罕见的。城市化快速进程的结果是,改革开放以来我国先后新建了 2 957 个新城和新区,这其中以产业新城、大学城、科技园区等为主,面积达到了 107 288.69 平方千米。

为了整治我国新城规划建设中盲目开发的问题,我国在 2010 年《中华人民共和国国民经济和社会发展第十二个五年规划纲要》中指出,要对新城新区建设予以规范;在 2012 年中国共产党十八大报告中指出,必须对我国现有国土空间开发格局进行重新优化设计,以确保土地利用合理性的提高,严格控制土地开发强度;到 2014 年,在《国家新型城镇化规划(2014—2020 年)》中再次强调,要继续对新区建设予以严格规范;2015 年又发布了《中国大都市新城新区发展报告》,该报告由上海交通大学城市科学研究院组织调查并完成;从 2015 年起,由国家发改委城市和小城镇改革发展中心、北京交通大学中国城市研究中心联合发表了《中国新城新区发展报告》(2015,2016,2017),一系列报告对具有代表性的大型城市新区发展进程予以跟踪和关注,与此同时也给我国一些中小型城市新城和新区的规划和发展建设提供理论依据和方法指导。

城市化既是经济增长的引擎和动力,也导致了我国自然生态环境与人文生态环境的双重危机。城市扩张导致城市蔓延、城市建设用地增加、侵蚀周边乡村、侵占耕地,自然乡村快速衰落和消失。亚洲开发银行针对中国的空气质量做了调查与分析,其报告数据显示,在我国的大城市中,只有不到 1% 的城市的空气质量能达到世界卫生组织的相关空气质量标准。2014 年联合国环境规划署的相关报告指出,在我国多条主要河流中,有 30% 甚至更高比例的水质已被严重污染,无法作为民用饮用水。我国城市共有 4 778 个地下水监测点,但监测的结果是其中 59.6% 都属于严重污染的水源。10 个污染最严重的世界城市中,我国就占了 7

个。依据欧盟的空气安全标准,我国99％的城市人口所呼吸的空气的污染值是欧盟安全标准的3.5倍。2007年,世界银行预估我国民众由于空气严重污染所形成的发病率以及死亡率的经济成本估计在1 573亿元,约占我国GDP的1.16％。

通过各项分析数据可以看出,我国所面临的城市发展与生态环境问题的矛盾日趋尖锐,长此以往,必将成为我国可持续发展总体目标的致命阻碍。目前,我国城市化主要包括如下的问题:① 自然生态与城市生态均失去平衡,处于畸形发展的状态;② 自然资源利用率低且浪费严重,能源消耗高;③ 生存环境恶化、城市灾害频繁;④ 城市物质和非物质文化遗产均正逐渐消亡,城市特色日渐消失。当前,我国正处于城市化进程的重要转折时期,必须确保城市建设与城市生态和谐发展,城市化才能走上新型的、健康的可持续发展道路。

当前我国正处于快速城市化时期,随着城市的不断扩张,涌现出大量各种类型和规模的新城。"新城"作为一种经过统一规划的跳跃式发展的城市化政策与手段在城市化的浪潮中扮演了极为重要的角色。从国外大都市发展的历程来看,在经历了从传统的单中心发展格局到多中心的发展转变过程,新城作为中心城市发展中的一个增长极,往往扮演了区域经济发动机的角色,对促进经济发展、增强城市综合实力起到了非常重要的作用。但是与此同时,新城的开发建设使得城市与自然环境承载力之间形成的矛盾日益突出,人们一边享受城市化带来的便捷生活,一边愤慨自然环境遭到巨大的破坏。而随着人口和产业等的不断集聚,土地资源日渐紧缺,城市不得不进一步扩张,继续向自然索取资源。在这种情况下,我们应该思考如何提高自然资源的利用效率,使得保护与利用能够协调并重。

绿地是一个既具有自然属性,又具有人工属性的要素和载体,能够建立一个缓解矛盾冲突并促进城市与自然两者融合的平台。因此,绿地网络的构建就责无旁贷地成为解决快速城市化进程所带来的生境破碎化问题、确保城市生态安全的有效途径。因而笔者选择绿地网络作为研究对象,构建一个适宜、可控制并引导城市合理发展的多层次、多目标的生态网络框架以满足城市与自然的双重需求。城市绿地系统规划方法也必须从关注绿地空间本体转变为与城市各系统间互动的视角。

绿色基础设施(Green Infrastructure,GI)理论,是一项强调土地最优化利用和功能效益最大化的规划理论,能够对新城的绿地规划和实践给予有益的指导。它将生物多样性保护、景观生态学、城市生态学及社会学等融入到规划领域,成为构建新城综合性绿地网络的基本理论与技术支撑,并通过地理信息系统(GIS)平台,实现多源数据的有效整合与空间分析。

本书以新城绿地系统结构为研究对象,运用园林学、景观生态学、城市规划学等学科的知识,对城市绿地发展历史和国内外新城绿地实践进行归纳、比较,在绿色基础设施(GI)理论和方法的指导下探索新城绿地系统网络化构建的适宜途径,并将其运用于南京仙林新城绿地生态网络构建的实践之中。本书以文献法、系统分析、归纳总结、理论联系实践为主要研究方法,主要包括五个部分:绿色基础设施理论及评价体系的研究;新城及其绿地建设的发展历程与问题研究;以 GI 理论为导向的新城绿地网络结构构建的原则和方法;调查分析仙林新城绿色基础设施状况,综合运用了绿色基础设施规划的四种基本理论方法,基于 GIS 平台,创建综合成本消费面,采用最小路径方法(Least-Cost Path Method,LCP),确定了潜在生态廊道,并通过重力模型的计算,提取了重要生态廊道,构建新城的 GI 网络,在 GI 网络的基础上,结合仙林新城的具体规划要求构建了区域层面、建成区层面和规划区层面绿地网络,并进一步深入构建了生态型网络、防护型网络和游憩型网络等子系统,并将其叠加得到综合绿地网络;最终总结新城绿地网络构建和优化策略。

通过对新城绿地系统网络结构构建的探索以及在仙林新城中的实践运用,可以看到,基于绿色基础设施网络构建绿地的网络化空间结构,能确保生态过程的连续性,有利于维持和恢复自然生态系统功能,减少经济社会发展对生态系统功能和服务的不利影响,可同时涵盖环境、生态、人文各个层面,大大增强新城的吸引力,因此,应该引起广泛重视。本研究可以为仙林新城绿地规划与建设提供一定规划依据和建议,也对我国快速城市化背景下的新城绿地网络构建具有一定的现实意义。

目　录

1 绿色基础设施理论

从某种程度来讲,中国原有的城镇化发展模式已经到了危机的边缘,在高科技与生态文明交织的十字路口,人们逐渐认识到要摆脱与改善当今全球面临的生态环境危机等种种困境,就必须缝合修补快速城市化而造成的支离破碎的生态基底与整体自然、人文环境。绿色基础设施(Green Infrastructure,GI)规划是近十余年来欧美提倡的并将之运用于城乡规划的"绿色空间政策"(Green Space Policy),依靠基于绿色基础设施的城乡一体化的绿色空间框架,平衡与协调自然环境与人类活动,是为了达成修复和改善自然生态环境和建设城乡绿色空间的目标而产生的。以此策略和方法来平衡和解决环境保护与开发建设的矛盾,已经受到越来越多国家的关注与重视。

1.1 绿色基础设施的思想来源与理论基础

1.1.1 绿色基础设施的思想来源

虽然绿色基础设施这一概念出现的时间不长,但其所蕴含的思想却有着悠久的历史。绿色基础设施理念起源于 150 年前就开始的土地和人类与自然的关系研究,无数的理论、思想、研究和结论为其概念的形成做出了贡献。绿色基础设施在其概念的演变过程中从城市规划、建筑学、生态学、社会学等许多学科中获得启发,经历了土地保护与绿色空间的早期关注、工业化时代的土地保护、景观生态学与保护生物学、环境主义运动、绿道运动以及作为战略性保护工具的生态框架等几个阶段,最终成为了一个决定土地最佳利用方式的科学理论和方法。其思想来源主要有以下内容。

1) 西方近现代生态思想

从绿色基础设施的产生和发展历程来看,西方近现代生态思想对其有着重要的启发。20 世纪 20—30 年代,欧美许多发达资本主义国家的社会生产力迅速提高。50 年代末,蕾切尔·卡逊的《寂静的春天》首先描绘了一幅由于工业社会的极度扩张而导致生态毁灭性破坏的惨烈景象,这本著作拉开了现代生态主义思潮的序幕。

1968 年在意大利召开了第一次有关人类生态危机的国际学术会议,并在该会议的基础上由奥雷利欧·佩西发起成立了以研究这一命题为已任的、非官方的国际学术团体——罗马俱乐部。1970年,罗马俱乐部的 D. H. 米多斯(D. H. Meadows)提出了"增长的极限"理论,指出了工业化过度发展导致了环境、能源、生态危机,愈演愈烈的环境污染,日渐枯竭的自然资源和每况愈下的生态环境,人类赖以生存的地球,包括人类自身,正面临着前所未有的生存危机。但是该理论当时却受到舆论的激烈批评和顽固拒斥,可无论公众态度如何,其受关注本身表明西方社会已普遍意识到人和自然的紧张关系。佩西认为,科学技术的发展带给人类越来越大的力量,不断扩展人类的活动疆域,使人对自然界的认识不断加深,对自然的支配能力也不断加强,而与此同时科学技术也给人类带来越来越多的问题。佩西称这种人类陷入自身力量所致陷阱的状况为"人类困境"。

面对工业文明的种种危机现象,自然科学家的目光离开机器,转向对社会、对人本体的全面审视。人们努力把握历史规律,试图以系统论、信息论、控制论等方法超越机械论,变社会发展中物质生产形态涉及的生态问题的不可知为可知。设计以人为本,在工业时代,设计作为科学技术与市场的桥梁,满足了人们种种生理和心理的需求,可以说功不可没。

不可否认,在人类历史上人本主义有它不可磨灭的历史功绩。同时,人本主义思想逐步演变成一种深入人心的主导意识形态,可是这种意识形态一旦脱离具体的历史语境而无限膨胀,就会给整个生态系统造成难以想象的灾难。

显然,我们需要一种新的思想体系,一种有别于以往"以人为本"的思想体系,这就是以"自然为本"的生态主义。生态主义运动的兴起,使人们从一度含糊不清的环境意识形态中理出头绪、分清主次,一种可代表设计界主流方向的生态主义设计思想终于崭露头角。

西蒙·范·迪·瑞恩(Sim Van der Rym)和斯图亚特·考恩(Stuart Cown)提出了生态设计的定义:任何与生态过程相协调,尽量使其对环境的破坏影响达到最小的设计形式都称为生态设计。这种协调意味着设计应尊重物种多样性,减少对资源的剥夺,保持营养和水循环,维持植物生境和动物栖息地的质量,以改善人居环境及生态系统的健康。生态设计重视人类社会与自然之间的和谐统一,摒弃了掠夺式开发的弊病,达到人与自然共生的理想。因此,近现代西方生态思想主要分为人类中心主义和自然中心主义两大派系。

"人类中心主义"的基本观点如下:首先,人类中心主义是一种价值论,其立论基础是人类想确立自己在自然界中的优越地位,维护自身利益。其次,人类中心主义坚持认为人是主体,自然是客体,人不仅拥有对自然的开发利用权,而且拥有对自然进行管理和维护的责任与义务。最后,人类中心主义者坚信科学技术的手段和力量,是改造自然从而实现人类理想和目标的唯一途径,也是最能凸显人类能力和智慧的地方。"人类中心主义"的价值观,把人看作确立价值观的前提和根本,以人或人类的需求来确定自然资源的价值,这在理论上无可厚非,因为这是人类得以发展的前提和基础。但是过度强调满足人类的需求,实现人类的愿望,以自然主人的身份去改造自然、征服自然,超过了自然所能承受的限度,就必然会导致自然资源的枯竭和生态平衡的破坏。生态危机的根源不是人类对自然的改造,而是人类对自然的过度改造。

"自然中心主义"价值观强调人类活动必须尊重自然的内在价值,把人的道德规范扩展到生态领域,无疑是价值观领域的革命性变革。自然中心主义有以下三个重要的部分:其一,生态中心主义。生态中心主义是一种整体论,强调生命共同体的重要性。生命共同体的利益大于个体的利益,人们不仅要尊重人类的利益,更要尊重生命本身。人不是万物的尺度,每个生物都有自己独特的评价角度,人不能完全把握整个自然,而应将人类个体的利益与环境的利益相协调。其二,动物解放论和动物权利论。动物解放论认为动物和人类一样,都具有感受痛苦和快乐的能力,而能够感受痛苦和快乐是一种动物是否能够获得道德权利的根据,也就是说,动物应该获得与人类平等的道德权利。其三,生物中心论。生物中心论主要提出自然界是一个有机的多元的系统,人类和其他生物共同享有各种资源。人类是自然界大家庭之中的一员,并非是自然的主宰者,主宰其他生物也不是人类的目的。人类与其他生物是相互平等、相互依赖的,人类没有凌驾于万物之上的权利,也不具备驾驭万物的能力。

近现代西方生态思想把道德关怀范围从人类道德规范扩展到生命和生物圈乃至整个自然界,维持人与自然之间的和谐、重视自然的内在价值的非人类中心主义,是绿色基础设施理念的重要思想来源。

2) 城市可持续发展理论

1987年,以挪威首相布伦特兰夫人为主席的联合国世界与环境发展委员会(WCED)发表了一份报告《我们共同的未来》,正式提出可持续发展的概念,并以此为主题对人类共同关心的环境和发展问题进行了全面论述,受到世界各国政府、组织和舆论的极大重视。1992年联合国环境与发展大会(UNCED)在巴西里约热内卢召开,可持续发展得到世界最广泛和最高级别的政府承诺。会议通过了《里约环境与发展宣言》和《21世纪议程》。

可持续发展理论的核心思想是"满足当代人的需求,又不损害子孙后代满足其需求能力的发展",包括可持续经济、可持续生态和可持续社会三个方面的和谐统一。可持续发展的基本原则包括以下内容:

(1) 公平性原则 公平是指机会选择的平等性,包含以下两个方面的含义:一是追求同代人之间的横向公平性,"可持续发展"要求满足全球全体人民的基本需求,并给予全体人民平等的机会以满足他们实现较好生活的愿望,贫富悬殊、两极分化的世界难以实现真正的"可持续发展",所以要给世界各国以公平的发展权;二是代际间的公平,即各代人之间的纵向公平性,要认识到人类赖以生存与发展的自然资源是有限的,本代人不能因为自己的需求和发展而损害人类世世代代需求的自然资源和自然环境,要给后代人利用自然资源以满足其需求的权利。

(2)持续性原则 持续性是指生态系统受到某种干扰时能保持其生产率的能力。资源的永续利用和生态系统的持续利用是人类可持续发展的首要条件,这就要求人类的社会经济发展不应损害支持地球生命的自然系统,不能超越资源与环境的承载能力。

社会对环境资源的消耗包括两方面:耗用资源及排放污染物。为保持发展的可持续性,对可再生资源的使用强度应限制在其最大持续收获量之内;对不可再生资源的使用速度不应超过寻求作为替代品的资源的速度;对环境排放的废物量不应超出环境的自净能力。

(3)共同性原则 不同国家、地区由于地域、文化等方面的差异及现阶段发展水平的制约,执行可持续发展的政策与实施步骤并不统一,但实现可持续发展这个总目标及应遵循的公平性及持续性两个原则是相同的,最终目的都是促进人与人之间及人类与自然之间的和谐发展。

共同性原则有两个方面的含义:一是发展目标的共同性,这个目标就是保持地球生态系统的安全,并以最合理的利用方式为整个人类谋福利;二是行动的共同性,因为生态环境方面的许多问题实际上是没有地区界限的,必须开展区域合作。

3)中国传统生态思想

绿色基础设施概念虽然是由美国首先提出,但在我国的传统生态和科技思想中,朴素的绿色基础设施思想却是源远流长的,朴素的绿色基础设施的实践也是由来已久的,这为形成中国特色的绿色基础设施理论建设提供了宝贵的思想源泉。

中国历来是一个重视人与自然和谐相处的国度,生态文化博大精深,生态文明精神源远流长。早在夏、商与西周时期,先民们就提出了"应自然、持续利用自然"的思想,这与绿色基础设施强调的回归自然系统的自生能力,构建可持续发展的生态框架思想不谋而合。当代中国绿色基础设施之启迪,同样源于古老而深刻的中国传统生态智慧思想。

我国古代工程中具有很多类似现代绿色基础设施作用的杰出实践,如周朝古道、南方丘陵地区的陂塘系统、长三角地区的运河水网、黄泛平原的坑塘洪涝调蓄系统以及都江堰大型水利工程等,它们体现了适应自然的朴素思想,不同程度地发挥生态系统的服务功能。

(1)"天人合一"——与自然和谐共处之道 中国传统生态思想的核心是"天

人合一"，这是中国古人对待人与自然关系的经典概括，是中国古代思想的最深层的观念和最基本特征。"天人合一"思想的来源，是基于在以农耕为主的生产背景中，人对自然环境的依赖，对风调雨顺的期盼，使得先民们对四时交替、气候变换格外敏感，逐渐形成了与环境和宇宙间的自然生命相互依存的文化心态，认为人的自然生命与宇宙万物的生命是协调、统一的，反映了人们在追求一种人与自然和谐亲密的关系。在中国的传统文化中，各家学说对"天人合一"从不同角度进行了论述，影响尤为深远的是儒家和道家的思想。

尽管中国古人在不同的历史时期对"天人合一"有不同的表达方式，但他们却共同追求一种天与人、自然与人类的高度和谐与协调，即达到"天人合一"的理想境界。可见我国古代的天人合一思想，强调人与自然的统一，关注人类行为与自然界的协调，充分肯定了"自然界和精神的统一"，显示了中国古代思想家对于主体与客体、主观能动性与客观规律性之间关系的辩证思考。

（2）"生生之德"——生态伦理　中国传统生态思想在生态伦理上表现为人应该尊重生命，维护天地万物的"生生之德"。"生生之德"是中国古代哲学中与"天人合一"并列的概念。"生生"是指产生、出生，"使生（存）"，让自然万物遵循其规律，生生不息。儒家和道家都把道德关怀从人的领域推延到一切生命和自然界。只有尊重自然和生命，才是真正的道德，才是真正的"君子"。

儒家从现实主义的角度出发，强调万物莫贵于人，突出了人在天地间的主体地位，但是在坚持人为贵的立场上，主张人是自然的一部分，对自然界应采取顺从、友善的态度，人在自然界最重要的作用是"参赞化育"。儒家在人与自然的关系中关注的重点是人的道德完善，把万物作为人类道德关怀的对象，体现人的"仁"德，维护好自然的"生生之德"。

道家创始人老子提出的"道常无为而无不为"的生态宣言，成为人类史上最早的超人类中心主义生态伦理观。道家将天、地与人同等对待，进而提出了"道大、天大、地大、人亦大"的生态平等观，以及"天网恢恢"的生态整体观和"知常日明"的生态爱护观，建构了由"道、天、地、人"构成"四大皆贵"的生态伦理理论。庄子继承了老子的生态伦理思想，提出了"至德之世"的生态道德理想、"物我同一"的生态伦理情怀、"万物不伤"的生态爱护观念。

中国传统生态伦理思想作为东方古代文明的成果，自有其不可替代的理论价值。它们虽然是古代农业文明的产物，带有朴素直观和直觉体悟的色彩，但是它们追求人与自然和谐的生态平衡理想境界，反对破坏自然资源和爱护生态环境的情怀与举措，从生态伦理的角度来分析，其积极因素是多于负面作用的。

（3）"仁爱万物"——可持续发展理念　我国古代思想家认为，自然界一切事物的产生和发展是遵循一定规律的，对自然资源的索取速度不能超过自然界的再生能力。孔子、孟子和荀子等许多先哲已有明确的资源持续利用思想的萌芽,《孟子》《逸周书》《荀子》《吕氏春秋》等都有这方面的记述。儒家倡导"爱人及物","仁"是爱人,但五谷禽兽之类,皆可以养人,故"爱"育之,这是"仁民爱物"。道家提出的"爱人利物之谓仁"意指人类既要利用生态资源,又要保持生态资源,更新自然资源,达到永续利用目标,这才是有道德的。老子倡导节俭的生活方式,所谓"知足不辱,知止不殆,可以长久""见素抱朴,少私寡欲""祸莫大于不知足,咎莫大于欲得",主张追求生命之美和人生境界,不追求物质享受的最大化。庄子也提出"见卵而求时夜,见弹而求鸮炙",告诫人们不尊重自然规律,就会出现竭泽而渔般的短视。无论是思维方式还是理论本身,"仁爱万物"都表达了中国先民对天(自然)与人的关系的理解,具有鲜明的可持续发展特色。

1.1.2 绿色基础设施的理论基础

随着生态意识的觉醒和生态思想的不断发展及影响,西方发达国家为此进行了诸多有益的探索,城市生态空间的保护与建设无论在理论上还是在实践上都有了新的突破,成为绿色基础设施不断发展与完善的沃土,为绿色基础设施发展提供了丰富的理论和实践基础。

1)美国的自然规划与保护运动

虽然绿色基础设施概念于1999年正式提出,但其核心思想却是起源于150多年前美国的自然规划与保护运动。此次运动的开端是 F. L. 奥姆斯·特德提出将各个公园及城市开敞空间连接的思想,最初是为了提高居民游憩的可达性和公园景观的连通性和整体性。后来生物学家提出为了保护生物多样性和动植物栖息地,也必须将城市公园、绿地开放空间连接起来,以减少生境破碎化,这也成为了绿色基础设施理论形成的主要源泉。

2)系统论理论

1945 年美籍奥地利生物学家贝塔朗菲(Ludwig von Bertalanffy)《一般系统理论:基础、发展和应用》(*General System Theory : Foundation, Development, Applications*)一书的出版标志着现代系统理论的形成,系统论以抽象的客体系统为研究对象,着重考察系统中整体与部分、结构与功能之间的相互联系、相互作用的共同本质和内在规律,运用数学手段和逻辑学方法,确定适用于所有客体系统的一般原则和方法。贝塔朗菲将系统定义为"相互作用的诸要素的复合体"。系统具有整体性、动态相关性、层次等级性、有序性等属性。从系统的定义可以得出,组成系统要具备三个条件,一是系统必须由两个以上的要素所组成,如元素、部分或环节;二是要素与要素、要素与整体、整体与环境之间,存在着相互作用和相互联系,是一个有机的整体;三是系统整体具有明确的功能。

基于系统论人们开始反思在工业时期为解决城市结构和环境问题所采取的措施的正确性,并开始意识到必须依靠一个完善的绿色的系统,而不仅仅是在城市内部建设公园和开放空间,或在城市外围对乡村地区的自然资源进行管理。

绿色基础设施是由相互作用和相互联系的若干组成部分结合而成的整体,它具有各组成部分孤立状态所不具有的整体功能,所以系统论理论适用于绿色基础设施研究,因此,用系统论的方法来指导绿色基础设施的构建,具有普遍的方法论意义。

3)精明增长和精明保护

20世纪90年代,北美学者针对城市生态失衡问题提出了两大概念:"精明增长"和"精明保护"。"精明增长"并没有确切的定义,不同的组织对其有不同的理解。美国国家环境保护局认为精明增长是"一种服务于经济、社区和环境的发展模式,注重平衡发展和保护的关系";农田保护者认为精明增长是"通过对现有城镇的再开发保护城市边缘带的农田";美国国家县级政府协会认为精明增长是"一种服务于城市、郊区和农村的增长方式,在保护环境和提高居民生活质量的前提下鼓励地方经济增长"。总的来说,精明增长是一种在提高土地利用效率的基础上控制城市扩张、保护生态环境、服务经济发展、促进城乡协调发展和人们生活质量提高的发展模式。精明增长最直接的目标就是控制城市蔓延,其具体目标包括四个方面:一是保护农地;二是保护环境,包括自然生态环境和社会人文环境两个方面;三是繁荣城市经济;四是提高城乡居民生活质量。通过城市精明增长计划的实行,促进社会可持续发展。

"精明保护"则要求对生态从系统上、整体上、多功能多尺度以及跨行政区层面进行保护,而不同于以往零散的、场地尺度的和单一目标的无序保护,它是一种主动的、系统的、整体的、多功能的、多重管制的和多尺度的保护模式。它强调土地保护需要相互联系,并将保护理念整合到土地利用规划或增长管理实践当中。通过优先划定需要保护的非建设用地来控制城市扩张和保护土地资源,从而形成可持续发展的城市形态,更加注重对"城市边缘区农田和其他开敞空间的保护",其主张通过优先划定需要保护的非建设用地来控制城市扩张和保护土地资源。

在这两大概念的基础上,绿色基础设施概念随之出现,并恰当地回应了这两大概念的双重需求。精明保护思想是精明增长的有益补充,在规划管理实践中两种思想往往结合运用。绿色基础设施就是实现"精明保护"的一种途径,它战略性地将发展、基础设施规划、精明增长等一系列理念融入生态保护。

4)景观生态学

1939年,德国地理学家C.特洛尔(C. Troll)提出了景观生态学这门学科,它是研究景观单元的类型组成、空间格局及其与生态过程相互作用的综合性学科,该学科强调空间格局、生态过程及尺度之间的相互作用。景观生态学中斑块廊道基质理论对城市绿地的发展具有重要意义。理查德·T. T. 福尔曼（Richard T. T. Forman）认为，斑块、廊道和基质是组成景观结构的基本单元。斑块泛指与周围环境在外貌或性质上不同，但又具有一定内部均质性的空间部分；廊道指景观中与相邻环境不同的线性或带状结构；基质指景观中分布最广、连续性也最大的背景结构。

在构建绿色基础设施理论过程中，两大景观生态学相关理论为其提供了基础。第一，岛屿生物地理理论（Island Biogeographic Theory），该理论指出当近距离连接的斑块大面积出现时将会更加有利于保护生物多样性；第二，异质种群动态理论（Metapopulation Dynamics Theory），该理论表明在水平方向上利用物种交流廊道搭建而成的斑块网络将更有利于物种保护。

其中，由生物学家 E. O. 威尔逊（E. O. Wilson）和罗伯特·麦克阿瑟（Robert MacArthur）提出的"岛屿生物地理理论"是生态网络研究的重要理论基础。该理论的主要研究内容为分析对岛屿物种丰富程度起决定作用的因素，之后被广泛应用于沙漠山地、孤立雨林，以及建设用地包围的破碎生物栖息地等各种较为孤立的自然资源内物种数量情况，目前这方面的理论多用于分析非生态系统包围下的生态空间。将该理论应用于城市绿地系统规划设计时，应遵循相同面积的城市绿地集中成片分布，比独立分散分布能够容纳更多种类生物的原则，孤立生境间的连接通廊是保证物种迁徙和保护其多样性的有利途径。

5）城市生态学

城市生态学（Urban Ecology）是以生态学的概念、理论和方法研究城市的结构、功能和动态调控的一门学科，既是生态学的重要分支学科，又是城市科学的重要分支学科。城市生态学是研究城市及其群体的发生、发展与自然、资源、环境之间相互作用的过程和规律的科学。城市生态学把城市看成一个生态系统，研究内容包括其形态结构，系统中各组分的关系，城市物质流动、能量代谢，信息流通及其与人类活动之间的相互影响的过程和由此产生的格局变化。它通过系统思维方式，并试图用整体、综合有机体等观点深入研究和解决城市生态环境问题。城市生态系统（Urban Ecosystem）指的是城市空间范围内的人类、人工建造的环境与自然之间相互作用而形成的统一体，是一个复合的人工生态系统。城市生态系统是一个开放的非自律生态系统，自身的新陈代谢不可能在有限的城市空间内部完成，必须依靠城市外围空间的支持和帮助，不断从外部向内部输入"营养物质"，同时消耗城市不能"消化吸收"的代谢物，使城市生态实现新陈代谢的动态平衡。

6）景观都市主义

从 20 世纪下半叶开始，伴随着对产业结构的调整、全球化和信息化的迅猛发展，传统工业经济不断衰败，世界上主要发达国家相继进入后工业时代。人们的生活方式、建筑和城市的形态也随之发生了深刻的变化,可以归纳为以下特点:高度变化的流动性,无中心化与等级消失,既集中又分散,间断不连续,混杂的功能分区,水平延伸等。这一变化被塞德里克·普莱斯(Cedric Price)比喻为从煮蛋、煎蛋再到炒蛋的过程,他形象地将历史上几种城市形态类型描述为:有着传统的、稠密的肌理的"煮蛋"城市;铁路延伸城市的边界,加速的线性时空廊道向外延伸的"煎蛋"城市;当前所有基质以颗粒状均匀分布,或一个连续网络中的独立体横跨整个景观的"炒蛋"城市,也就是从核加边缘模式转变成了基质模式。

面对这样的社会变化,现代主义的功能分区无力创造"有意义""宜居"的公共空间来满足各层次群体的交流,后现代主义的历史借鉴也并不能解决工业转型过程中"去中心化"(Decentralization)问题,这些以建筑学为基础的传统城市设计理论和方法,在面对城市发展所致的日益复杂的问题与矛盾面前似乎都显得苍白无力,亟须一种以生态原理为基础,综合、统筹的新途径加以应对。在这样的时代背景下,景观都市主义(Landscape Urbanism)应运而生,它是在对于城市的客观发展态势和现行城市设计的主观意识走向进行深入反思后,对建筑都市主义提出的挑战。查尔斯·瓦尔德海姆(Charles Waldheim)是景观都市主义的创始人。20 世纪 80 年代,查尔斯在美国宾夕法尼亚大学学习期间深受詹姆斯·科纳(James Corner)和麦克哈格(Ian McHarg)的影响,将詹姆斯的城市设计思想和麦克哈格的生态理念融入到他对未来景观发展方向的研究和思考中。

"景观都市主义"理论经过了一个较长的孕育、诞生、发展过程,并作为一个专业术语正式出现于 20 世纪 90 年代。1997 年 3 月,时任多伦多大学建筑、景观与设计学院副院长的查尔斯在他组织的研讨会上,首先将"landscape"和"urbanism"这两个看似不相关的词语合并在一起,创造了"landscape urbanism"一词用来描述城市规划设计领域对城市空间构成的重新思考,即景观取代了建筑,成为当代城市发展的基本单元的理论与实践活动。

景观都市主义标志着一个全新的设计领域的诞生,它的兴起使景观设计师们不再沉浸于"田园牧歌般景观"的设计理念中,也不再被动地接受城市规划和建筑设计留下的剩余空间,而是跨出传统景观设计的范畴,参与更多城市规划、建筑设计领域的设计实践,并且将景观取代建筑作为城市研究和实践的一种重要工具与媒介。正如库哈斯(Rem Koolhaas)在 1998 年所说,"建筑不再是城市秩序的首要元素,逐渐地,城市秩序由植物组成的薄薄的水平平面所界定,因此景观成为首要元素"。在城市的演进过程中,景观都市主义尝试引入并确立景观的重要地位,期望能够突破传统城市规划设计方法的局限,将城市发展和自然演替整合为一种可持续的景观生态系统。景观都市主义的思想内涵包罗万象,主要概括为以下几个方面。

（1）整体而动态的时空生态理念　景观都市主义的基本理念之一是整体而动态的生态思想。秉承景观生态学的先驱麦克哈格的生态观，但与麦克哈格的生态观相对比，景观都市主义强调的是整体而动态的时空生态理念。景观都市主义认为当代城市是一个自然过程和人工过程共同作用、不断演进、动态而整体的景观生态系统。詹姆斯·科纳指出："万物相互联系，如果环境始终是外在的，我们就不可能充分认识事物的相互依存和互动。"他提出的"时空生态学"（Space-time Ecology），处理在城市领域中运作的所有力量和因素（文化、社会、政治和经济环境以及自然中的动态关系和过程因子），将它们视为相互联系、共同作用形成的统一且连续的网络。景观都市主义在长期考虑和可持续发展的基础之上，将自然生态过程和人工过程整合为一，城市空间发展与自然演进过程共同作用，相互契合。

（2）水平流动与蔓延　20世纪后半叶的社会结构的明显改变是从垂直转向水平，城市秩序越来越体现在一片薄而水平向的生长平面上，即景观。当代城市作为个整体，社会结构从分级的、中心化的、有权威的组织转向多中心的、互联的、蔓延的结构状态。水平表面是组织的底层，汇聚、散布和浓缩了所有在其上运作的力量。景观都市主义认为水平性是当代城市的基本结构特征，水平表层结构是景观都市主义的关注重点之一。这个观点成为它发展属于自己的分析工具和形态生成工具等的重要基础。

（3）自然过程重于形态　景观的产生是一个发展的过程，也可以理解为是一个不断发展的过程。景观作为名词是静止的，但作为动词则代表进程或者活动。景观都市主义将自然过程作为设计的基本形式，充分尊重场地的自然演变过程，以场地的演变肌理为蓝本，作为启发设计师构图的基本形式，并将这一思想融合到场地的生态演变中去。

（4）景观构成基础设施网络　景观都市主义强调基础设施对于城市形态和城市空间的重要性。基础设施包括功能性设施，如道路、机场、车站、高架桥、停车场、给排水系统等，也包括河道、蓄水地、林地等属于景观领域的对象，以及"隐蔽系统"，如节点（Code）、编码（Regulation）、规则（Policies）等非物质要素。景观都市主义不仅关心基础设施对城市形态的影响，而且试图将其系统和网络作为城市形态生成和演变的基本框架，通过为土地未来的使用预备基础设施的网络，为城市土地在未来时间过程中各种变化提供可能性支撑。

（5）综合的技术和方法　景观都市主义强调学科的交叉和综合，认为要综合运用各种设计手法。景观都市主义提倡的是对传统概念性与操作性技巧的重新思考，景观都市主义第一次将建筑、城市设计、景观和市政工程等学科融合在一起，比较令人信服地回应了当代都市状况，展示了人们对当代消费文化的全新诠释。这使得景观都市主义和过去以创造"如画"的愿景为目标的景观设计区别开来。同时,它强调了景观都市主义的实践性,如巴黎拉·维莱特公园、纽约高线公园等,将它和以往曾经出现过的一些关于城市的乌托邦区别了开来。

7）协同学理论

20 世纪 70 年代德国物理学家哈肯（Haken H.）创立了协同学理论,协同学是研究不同事物的共同特征及其协同机制的学科。该理论研究各元素如何协作并形成系统、有序的空间、时间和功能结构,即从混沌的无序状态到自序的自组织状态的过程所遵循的共同规律。客观世界存在着众多的系统,系统的状态分为"有序"和"无序"。如果一个系统内的诸多要素互相离散,不能有效地协调,那么该系统就是处于无序状态,不能发挥整体功能,甚至会瓦解、崩溃;如果一个系统中的诸多要素协调同步,互相配合,那么该系统就是处于整体自组织状态,就能正常地发挥整体功能,即产生协同效应。

绿色基础设施是由各种要素相互作用而形成的完整有机体,具有单个要素所不具有的整体结构和功能。在基于绿色基础设施理论的绿地生态网络构建过程中引入协同学理论,有助于在时间和空间的动态过程中协调整体和各要素的关系,以达到绿地网络整体功能的最优化目标。

8）城乡一体化思想

霍华德在田园城市理论中提出城市占地、永久绿地和农业用占地,他认为城市和乡村各有其优缺点,而"城市乡村一体化"模式能够实现互补,规避二者的缺点。美国城市理论家芒福德指出,城市与乡村不能截然分开,城市与乡村同等重要,城市与乡村应有机结合。正确处理城乡关系是世界各国城市发展道路上所面临的共同问题。研究表明,多数发达国家的城乡关系发展一般经历六个阶段:乡村孕育城市;城乡分离;城市统治和剥夺乡村,城乡对立;城市辐射乡村;城市反哺乡村,乡村对城市产生逆向辐射;城乡互助共荣与融合。由于长期历史所形成的城、乡隔离发展模式,中国在城市发展过程中各种经济社会矛盾日益凸显,城乡一体化思想因此逐渐受到重视。

城乡绿化一体化是基于城乡一体化思想,将城乡范围内的绿色空间整体布局、规划。绿地生态网络思想正是打破了行政区划的界线,突出接连的重要性,按照自然的脉络进行生态绿色空间的统一布局,并形成有机的网络体系。

1.2　绿色基础设施的概念及发展

绿色基础设施源于 150 多年前美国自然规划与保护运动中倡导的两种理念:一是将公园和其他绿地相连,以方便居民使用（该理念引发了后来的"绿带运动"）;

二是保护和连接自然区域,以保护生物多样性及防止生物栖息地的破碎化。其最早的雏形可追溯到 19 世纪 50 年代的城市公园,之后经历了 20 世纪 60 年代到 90 年代以生态保护运动为契机的初步形成阶段。90 年代至今,绿色基础设施研究实践进入了以多领域协同发展、多地区广泛传播为特点的快速发展阶段。

1.2.1　绿色基础设施的提出及发展演化

19 世纪西方社会大规模工业化生产带来的环境反作用,使人类面临环境危机的巨大风险,人类的生存环境质量急剧恶化。第二次世界大战后,美国城市化的高潮以及放任的郊区化造成了畸形的城市蔓延,导致城市土地的过度消耗,生态系统平衡被破坏。20 世纪 90 年代,北美学者开始检讨这种不受控制的城市增长方式,提出"精明增长"和"增长管理"的概念,以期对土地开发活动进行管治,获取空间增长的综合效益。与之相对的概念"精明保护",则要求对生态从系统上、整体上、多功能多尺度以及跨行政区层面进行保护。基于精明增长和精明保护的双重目标,绿色基础设施规划应运而生。

绿色基础设施规划伴随着众多的理论、事件和实践的形成与发生过程,其概念在欧美国家不断发展演化,内容更加丰富,体系更加完整(表 1-1)。总体来说,连通性、复合性、整体性、多样性、自适应性是其基本特征。绿色基础设施的发展大致可分为三个阶段:

早期雏形阶段是以 19 世纪 50 年代城市公园的出现为标志,该时期以服务公众游憩与审美、改善公共环境为目标,主要面对公园、开放空间系统,采用景观设计、城市设计学科的定性方法,缺少科学性和系统性的理论与方法。

初步形成阶段是以 20 世纪 60 年后生态保护运动的发展为开端,该时期生态学、生态规划、景观生态学的理论方法不断发展,出现了以生物保护与生态系统保护为核心目标的生物廊道和生态网络等概念,形成如逐渐形成生态学、景观生态学、生态规划的科学方法。人与生物圈计划(Man and Biosphere Programme,MAB)成为该阶段的标志。

快速发展阶段是以 20 世纪 90 年代以来以 GI 在多领域的快速发展为特征。土地保护、精明增长、绿道、低影响开发(Low Impact Development,LID)与河道恢复等领域共同推动 GI 成为明确的概念共识,相关研究与实践也迅速、广泛地发展了起来。2000 年后,GI 在欧盟、加拿大、中国等地广泛传播。

1.2.2　绿色基础设施的概念

1999 年由美国的保护基金(The Conservation Fund)和农林管理局(USDA)共同组成的"GI 工作小组"提出了绿色基础设施(GI)的首个定义:它是一个相互连

表1-1 绿色基础设施的形成演化过程标志事件

标志性事件	时间	关键内容
田园城市	1850—1930	霍华德的田园城市
奥姆斯特德的波士顿翡翠项链		城市开放空间-公园体系
伦敦环城绿带		绿带思想
自然保护区、缓冲区保护	1930—1960	生态学与区域保护
本顿马克依的区域规划		开放空间及缓冲带
麦克哈格的《设计结合自然》	1960—1970	城市规划环境学途径
绿道		连接与可持续
岛屿生物地理学		联系物种与景观
人类与生物圈计划	1970—1990	核心区保护与缓冲地带
保护生物学		生物多样性保护与生态学
景观生态学		景观地理学与生态学综合
GIS技术与区域规划		GIS数据影像化辅助
欧洲生态网络设施	1990—2010	绿色基础设施引导保护与开发、强调连通性与优先级
马里兰州的GI,佛罗里达的绿色空间体系		
英国区域空间战略、生态网络、GI		

接的网络,由水体、湿地、森林、农场、牧场、荒野、野生动物栖息地等自然区域和开敞空间所组成,维持原生物种、自然生态过程、保护空气与水资源以及提高社区和民众的生活质量,这个绿色的网络为人类提供生命的支撑与保障,美国人又称之为"国家的自然生命支持系统"(Nation's Natural Life Support System)。这个系统由城市、城市周边、城市之间,甚至所有空间尺度上的一切自然、半自然和人工的多功能生态网络总体组合而成,并足以保证环境、社会与经济可持续发展。并且GI具有多层次性,从国土范围内的宏观生态保护网络到街边的雨水、花园甚至于一棵树都是系统的组成部分。它的生态框架突破了行政和地域的限制,打破了藩篱,包含了所有的公共的、私人的生物绿色空间,并强调它们之间的联系性。

　　绿色基础设施概念的提出,是为了将城市绿色空间构建为一个整体化的网络系统,至今它的定义仍是开放性的,其基本框架是"社区赖以持续发展的基础或潜在根基,特别是在基本设备和设施方面",以此为基本出发点,面对不同人、事、物,就会产生许多可用的定义。因此,在美国保护基金和农林管理局提出首个绿色基础设施概念后,各国学者和组织也根据自己的理解提出了各自对其的概念总结,详见表1-2。

表 1-2　绿色基础设施发展中的各种概念

序号	时间	学者/组织	国家/地区	提出概念
1	1999 年	可持续发展总统委员会	美国	保护由土地和水系相互联系组成的网络,强调支持当地物种,尽力保持自然生态过程,维持空气和水资源的自然生命支持系统,致力于改善生存环境
2	2001 年	麦克·A.本尼迪克特、爱德华·T.麦克马洪	美国	是人口快速集聚和增长下的环境保护与开发策略,是由多个生态单元组成部分协同形成的自然过程网络
3	2005 年	简·赫顿联合会	英国	包含了城市和乡村、公共和私人的土地的多功能的绿色空间网络,维持可持续的社会、经济与环境发展,将土地的保护与利用进行联系和平衡
4	2006—2008 年	英国西北绿色基础设施小组	英国	是区域的生命支持系统,是由自然环境和蓝、绿空间组成的网络体系,体现出类型学、功能性、脉络、尺度与连通性五大特征,为社会、经济、环境等多方面带来利益
5	2006 年	西雅图绿色基础设施规划委员会	美国	自然、半自然和人工的生命支持网络系统,由开放空间、低影响交通、水、生物栖息地、能量流动五大交织的系统组成的网络,具有生态性和低影响性
6	2006 年	C. Davies	英国	是由自然区域和其他开放空间组成的相互连接的网络,用以保护自然生态系统的价值和功能;核心是由自然环境决定土地使用,突出自然环境的"生命支撑"功能,建立相互连接的、系统性的生态功能网络结构
7	2006 年	TEP 环境咨询公司	英国	是一个"被规划和组织"的网络,由城市周围、城市地区之间,甚至所有空间尺度上的一切自然、半自然和人工的多功能生态网络组合而成
8	2010 年	欧盟委员会	欧盟	强调 GI 在解决网络的连通性、生态保护和提供生态系统服务方面的重要性;同时可减缓和适应气候变化,通过模拟自然系统的过程修复生态系统,整合多功能复合的空间规划,可为持续的经济发展做出贡献

　　绿色基础设施的概念是为将城市绿色空间提升为一个统一系统而提出的,至今它的定义仍是开放的。因此,韦伯斯特的《韦氏新世界词典》,只是将其定义为

"社区赖以持续发展的基础或潜在根基,特别是在基本设备和设施方面",在这个基本框架之下,面对不同人、事、物,就会产生许多可用的定义。其实,对于"绿色基础设施"可以从不同的角度来理解和阐述。

第一,绿色基础设施可以分别从名词和形容词角度来阐述。当绿色基础设施作为一个名词时,指的是"一个由自然区域和其他开放空间相互连接组成的绿色空间网络,包括自然区域、公共和私有的保护土地,具有保护价值的生产性土地以及其他受保护的开放空间。该网络能够保护自然资源的价值和功能,维持人类和动植物的生存,并因此而受到规划和管制"。当此概念用作形容词时,主要描述了"一个系统化、战略性的土地保护方法,该方法立足于国家、州、地区及地方等规模层次,提供了一种可以平衡多方利益需求的机制。在土地保护优先的基础上,该种机制可以为未来的土地开发、城市增长以及土地保护决策提供系统性的框架,着重于对那些有利于自然和人类的土地利用规划及实践项目进行鼓励引导"。

第二,绿色基础设施可以分别从策略、空间和技术三个方面来理解。从策略方面来看,GI 是一个具有系统化、战略性特征的关于土地优先保护的方法,该方法提供了一种可以平衡土地开发与保护、城市蔓延与控制、区域绿色空间的构建与保护、人文历史廊道与休闲游憩网络的构建等多方利益需求的系统性框架,着重于对有利于自然和人类的土地利用的实践项目进行鼓励引导。从空间上来看,指的是一个自然区域——具有保护价值的生产性土地,以及其他受保护的开放空间组成的网络,该网络在规划、建设、作用和管理的层面,均具有法定的效力,以确保其在保护自然资源、维持人类和动植物的生存的功能和价值的实现。从技术方面来看,是生态化的基础设施,将生态化方法与技术运用于新城绿地网络的构建与建设,确保以绿地为载体的绿色基础设施的效益的充分发挥。

1.2.3 绿色基础设施的研究综述

1) 国外研究综述

国外的绿色基础设施研究主要集中在生物学、环境学、资源学、人类学、社会学、土地学、生态学、农业学科、景观学科、城乡规划学科等领域,涉及的研究机构包括政府专项部门、高校学术机构、NGO(非政府组织)机构以及公众参与的民间研究团体等,研究主要体现在以下几个方向:

第一,将绿色基础设施作为生态永续、城乡协调发展的基本政策的研究,涉及绿色基础设施概念、发展,绿色基础设施物质元素构成,绿色基础设施结构、功能评价与绩效评估,绿色食品计划,绿色城市设计,都市农业,城市森林体系等多方面的研究。

第二,将绿色基础设施作为环境治理、环境保护等技术工程项目类的研究,例如,开展雨洪管理、雨水收集系统、绿道工程建设、绿色基础设施价值评估系统、生物活动与绿色基础设施关系、具体生态修复技术等方面的研究。

第三,英国绿色基础设施相关研究将绿色基础设施与人文生态系统进行对接性研究(包括人类身心健康、幸福感与绿色基础设施关系方面)。绿色基础设施与人体健康的研究可分为其对个体的生理与心理健康的影响,以及对公众健康的影响。

第四,瑞典将绿色基础设施系统与国家环境目标建设、共生城乡生态理论等进行多方面的整合性研究。

第五,绿色基础设施的公众认知和公众参与。

从研究与实践的尺度来看,主要有以下几种:

第一,州级尺度上的绿色基础设施的构建,是美国国土生态空间的重要构成。与此同时,美国在威斯康星州、宾夕法尼亚州和新英格兰开展了城乡绿色通道体系的规划,形成了多个尺度空间和多个分级水平下的绿色通道体系,成为国土空间利用、生态网络建设和防灾减灾体系的重要组成部分。

第二,在城乡尺度上,以英国大伦敦地区,法国大巴黎区,俄罗斯的莫斯科地区,美国的华盛顿特区、费城大都市地区、巴尔的摩地区、纽约斯塔腾地区等都成为城乡生态网络、安全格局、绿色通道体系和防灾减灾绿地生态体系建设的先行者。其中以德国南部地区的城乡生态网络和安全格局建设最为典型,在多个城乡组合的区域空间中形成了具有中心地绿地特征的防灾减灾生态安全体系。

第三,城乡绿色通道体系建设方面,典型的有华盛顿的波托马克河、沃辛顿河谷、里士满林园大道以及高速公路、公园路等自然生态廊道和道路绿色通道设施的研究。其中辛克莱(Sinclair)等通过对美国北卡罗来纳州的哺乳动物的鸟类捕食者活动的观察,研究了鸟类保护与生态廊道宽度、廊道外围用地类型、廊道内人类居住模式的关系,得出针对鸟类保护的生态廊道宽度的建议;美国新英格兰地区的绿地生态网络的规划旨在建立一个相互连通的多尺度(新英格兰地区尺度、市域尺度、场所尺度)的绿地生态网络系统;莱恩汉(Linehan)等将野生动物保护廊道和网络作为综合的城市绿地生态网络系统规划的框架。

绿色基础设施相关研究成果包括政府政策文件、政府公开报告、学术专著、学术论文、学位论文、学术报告、公众宣传册等多种形式;在研究成果数量上,以学术论文、学位论文为例,以"绿色基础设施"(Green Infrastructure)作为关键词,在国外数据库 Academic OneFile 中进行搜索(截止到 2016 年 1 月),检索到的论文共有 9 378 篇。以西方绿色基础设施理论与实践作为研究客体的专著、文献和学位论文也在逐日增加,而且研究的范畴和领域也在不断扩展,这些丰富的研究成果具有不可替代的重要意义和价值。

但从国际研究与应用来看，在理论方面绿色基础设施理念还处在一个不断发展的过程之中，其理论观点尚不统一与成熟，不断有新的思想、观点应运而生，缺乏理论体系的总结与完善。在实践领域，虽然有一些成功案例，但大多数方案是各个州和城乡地区依赖于各自情况开展完全独立的研究和技术应用，缺乏统一的技术应用与推广的行业标准和规范。

2）国内研究综述

国内对于绿色基础设施的研究较早见于21世纪初，早期的研究主要来源于对国外专著和文献的翻译与整理，后期的研究则逐渐结合了中国的建设实践，提出了我国绿色基础设施建设的对策和方法。

以"绿色基础设施"作为关键词，在中国期刊数据库（CNKI）中进行检索，截止到2018年6月，共搜索到文献记录1 030条，远少于国外相关研究文献数量。研究主要体现在以下几个主要方向：① 绿色基础设施概念、发展、功能、原则、规划方法、设计策略等方面的研究；② 绿色基础设施与生态安全格局方面的研究；③ 绿色基础设施在生物多样性保护和控制城市蔓延方面的研究；④ 国外绿色基础设施的实践与构建技术研究；⑤ 绿色基础设施在雨洪管理方面的作用研究；⑥ 绿色基础设施与新型城市化方面的研究；⑦ 绿色基础设施与绿地规划方面的研究；⑧ 绿色基础设施的生态系统服务评估。从研究与实践的尺度来看，主要包括国家层面、区域层面、城（镇）层面及场地层面。

总体而言，国内绿色基础设施研究在内涵与外延的理解上尚存模糊性，研究内容更关注城市和区域层面的概念、理论与方法框架，研究方法以单学科视角的定性研究为主。虽然已初步形成了以生态基础设施为代表的理论体系，但总体上绿色基础设施的发展仍处于初级阶段。主要存在以下问题：

（1）研究细分度低，近似度高　我国对绿色基础设施领域的研究尚处于探索理论方法的初级阶段，研究的细分程度与深入程度均不高。国内绿色基础设施研究主要来自于景观规划、风景园林、景观生态学等学科领域，此外，环境工程、市政工程、水文水资源等领域有少量研究。研究主要集中在综述绿色基础设施概念与发展历程、介绍国内外理论与实践、探索空间规划与评价方法等方面，研究方向近似度较高。在人体健康、气候变化、空气质量、公众参与等国际前沿的细分领域我国尚缺少深入研究。

（2）科学、工程与设计学科领域的交叉合作不足　绿色基础设施是跨尺度、功能复合的应用领域，由不同学科领域演进发展而来。因此，科学研究、工程技术与设计应用的紧密联系对于绿色基础设施而言尤为重要。目前我国在这方面尚存不足，科学研究缺乏对真实问题的应对，工程技术缺乏综合目标的统筹，设计应用缺乏专业技术的支撑。

由于缺少领域间的交叉合作,国内绿色基础设施研究虽然具有各自学科的鲜明特点,却也存在明显瓶颈。城市规划、风景园林等人居环境领域善于运用定性方法统筹人文与生态价值进行空间落实,但缺少量化研究与专业技术的支撑。景观生态学领域善于通过空间模型判定和构建完整而连续的宏观网络格局,但对格局内部质量的关注不足,理论模型仍缺少实证支撑。环境科学善于运用实验与模型量化研究具体问题,但缺少空间应对策略。生态修复、环境工程、市政工程等领域善于绿色工程技术,但欠缺对绿色基础设施多元价值和综合目标的理解和统筹。

(3) 综合绩效评估及其标准的研究较少　国内绿色基础设施实践大致有两种倾向:一是缺少人文价值的单目标绿色技术应用,往往缺乏美学价值,也不具有参与性;二是难以评价环境效益的"生态花瓶",如一些美观的城市湿地公园很可能是四处调水的耗水工程,造成生态系统损害。具备生态与人文的综合价值是绿色基础设施的核心特征,偏颇于任何一方都不符合其内涵。目前,全面衡量绿色基础设施在供给、调节、支持、文化及健康福祉方面的生态系统服务综合绩效评估的研究不多。

(4) 人文领域研究介入不足,公众参与、运营模式与体制保障研究有待加强国内绿色基础设施在人文领域研究的介入不足。绿色基础设施并非简单的绿色工程,技术层面之上的文化价值、社会价值、经济价值是其重要属性。目前,我国在绿色基础设施的文化认同、公众参与、运营模式、管理政策、体制保障等方面的研究不多,有限的研究者多以自然学科背景为出发点,社会学、经济学领域的绿色基础设施研究基本是空白。

在绿色基础设施的经济运营与社会参与方面,美国纽约高线公园(High Line Park)为代表的国外实践采用了政府、社区、社会组织或企业共同合作的新模式,为绿色基础设施的建设运营、投融资模式、社区参与、管理政策、产权制度方面提供了新视野。首先,它解决了运营与持续收益问题,通过特许经营的活动和项目实现经济收益;其次,它解决了社会参与问题,通过活动拉近社区居民与绿色基础设施的距离,互动参与性更强;最后,政府财政与管理成本更低,只需按期购买绿色服务。我国当前推行的公私合营(PPP)模式仅是单一投融资途径,且缺少政府按效果付费的量化评估方法和标准。

在实践方面,尽管近年来生态规划设计蓬勃发展,但真正能够系统地将自然生态过程与城市规划深入紧密整合,充分发挥生态系统的生态服务和调节功能,形成一种满足可持续性发展的城市生态规划设计的实践仍然是不多见的,绿色基础设施理念介入的城乡规划设计的大部分实践不过是事后补救或附属点缀,城乡环境质量、生态质量和应变性并不尽如人意。

纵观国内外关于绿色基础设施的研究成果,对绿色基础设施思想的研究均呈现为独立的、片段式的,尚未形成完整的、系统的研究理论和方法论。目前已有的研究成果就个体而言都足够清晰和充分,但不能形成完整的体系,而研究整体性的缺失必然会影响整个研究体系的确立,也将会面临可操作性缺失的问题。

1.3 绿色基础设施的构成、尺度、功能及内涵

1.3.1 绿色基础设施的空间构成

在空间体系上,绿色基础设施是由网络中心(Hubs)和连接廊道(Links)构成的自然、半自然和人工化绿色空间网络体系,如图 1-1 所示。

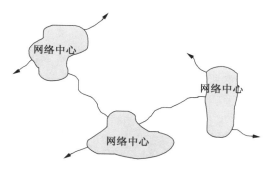

图 1-1 GI 空间构成

在多种自然过程中,网络中心可以说是"锚",帮助植物以及野生动植物提供目的地或者起源地,对各式各样的自然过程的发生起着承载作用。网络中心主要包含:第一,保留地,对重要生态场地的区域予以保护,包括野生区域,特别是处在原生态势下的土地;第二,本土景观,土地由民众拥有,比如国家森林,具有自然以及娱乐价值;第三,生产场地,私人所拥有的生产性土地,涵盖农场、林场等;第四,循环土地,大众或者是私人过度使用而导致受损严重的土壤,对其进行重新修复或者开垦,比如对矿地、垃圾场或部分棕地开展改良,进而形成优良环境连接廊道从而连接网络中心,对生态过程流动予以促动;第五,公共空间,在国家、州、区域、县以及私人等各个层面尽可能地保护自然资源或提供休憩的地方,包括城市公园、郊外活动空间等。

连接廊道是用于联系各类中心控制点的纽带,这些纽带通过对系统进行连接整合,以达到促进生态过程流动的目的。在绿色基础设施的整个网络系统中,连接是其核心,作为衔接系统的纽带,连接廊道在维持生物过程和保障物种多样性方面发挥了重要作用。按照连接廊道的内容可分为功能性自然系统的连接和支撑性社会功能的连接。

(1)功能性自然系统的连接 衔接公园、自然遗留地、湿地、岸线等,通过形成

自然网络结构维持生态平衡发展过程,强调整体生态效应。

① 保护廊道(Conservation Corridors):线性区域,是野生动物的生物通道,可能具有休闲娱乐功能,如绿道、河流或线型湖泊的缓冲区域。

② 绿带(Greenbelts):既包含为了维护本地生态系统的受保护的自然土地,如农田保护区、牧场等,也指具有发展结构功能,可用于分隔相邻土地的生产性绿地,此类绿地可以用来缓冲周边土地的影响,达到保护自然景观的作用。

③景观连接体(Landscape Linkages):连接野生动植物保护区、管理和生产土地、农地等,以及为本土动植物的成长和发展提供充足空间。

(2) 支撑性社会功能的连接 除保护当地生态环境之外,这些连接体还可以承载文化和社会要素,实现衔接社会功能的个体和组织的功能,如为历史资源保护提供空间、在社区或区域提供休闲娱乐的空间,进一步完善城市的社会和经济等职能,如绿色通道等。

连接廊道和网络中心的相互连接性,是确保生态功能和野生生物的散布通道的关键所在,并且对景观连接度和美景度而言也是非常重要的。对于自然过程的维持而言需要由构成绿色基础设施的网络中心和廊道共同完成,而且随着保护资源尺度、类型和等级的变化,这些网络中心和廊道的形态及尺度等也会随之改变。对于资源而言,其需要维护的程度主要依托组成部分的自然特征的生态稀缺性。与此同时,对于人类同自然彼此间的交互作用的适宜性程度来说,环境对活动的敏感性尤为重要。

1.3.2 绿色基础设施的物质构成

从物质构成上来看,绿色基础设施由多种物质类型组成:

第一,原生自然绿色空间,具体绿色基础设施要素包括山体森林、自然湖泊河流、海洋、自然湿地、自然沼泽地、荒野、野生动物迁徙走廊、高原、草原等一系列自然系统自生的、几乎无人工干预的大自然绿色空间。

第二,自然元素为主的绿色空间,具体绿色基础设施要素包括郊野公园、国家公园、生态型绿道、蓝道、人工湿地、农田、牧场、林场、乡村田园、池塘、防护林、乡村大道等一系列自然元素占主导、人工元素辅助(配套辅助设施、市政基础设施等)的以生态保护为主兼有定量的供人们休闲娱乐运动功能的绿色空间。

第三,半自然半人工绿色空间,具体绿色基础设施要素包括城市、城镇公园系统,都市农场,社区菜园,都市花田、花园、城市绿道,社区绿道,城市蓝道等一系列具有一定的生态服务功能并主要为人们提供自然、人文休闲娱乐运动的绿色空间。

第四,人工元素为主的绿色空间,具体绿色基础设施要素构成包括绿色屋顶(屋顶花园、屋顶菜园、蓝色屋顶)、绿墙、绿色街道、雨水收集系统、户外儿童游乐绿色场地、户外青年运动场地、校园绿色空间、单位绿地、街边绿化等一系列延伸于灰色基础设施、建筑物、构筑物、公共设施的绿色空间;此外,还包括依托于建筑室内空间具有人文地标、自然元素辅助的一系列"绿色中心",如生态社区、生态城镇的绿色生活中心、社区服务中心,绿色生态技术中心,绿色生活信息咨询中心等绿色文化场所。

1.3.3 绿色基础设施的尺度划分

尺度是景观生态学研究中的一个基本概念,代表着研究对象在空间或时间上的量度,不同地域尺度所关注的绿色基础设施在规模、等级和类别上有所差异。通过尺度解析,不仅可以从景观生态学基本概念和原理出发,在空间上对区域景观进行合理分类和解析,同时也将城市、郊区、荒野景观衔接起来,在区域、地方、社区乃至宗地尺度上分层解析绿地要素,使规划更加有针对性和可操作性,通常情况可将绿色基础设施大致分为以下三个级别:

(1)区域和地区层级 绿色基础设施支持至关重要的生态系统功能,主要组成包括国家公园、海岸线、主要河流廊道、长距离步道、国家自行车网络等。战略环境资本在这一层面上可以得到体现,包括天然资源(如碳汇、水系统和栖息地系统)和文化资源(如国家公园和具有遗产性的海岸地带)。

(2)地区或城区层级——城市尺度 绿色基础设施形成了一个开放空间网络,主要组成包括重要的公共大型公园和保护区,如郊野公园或森林公园、地方自然保护区、重要的河流走廊、重要的休闲路线、水库、水体和大型湿地以及具有绿色基础设施潜力的生产性农场和林地。在这一规模层级上,绿色基础设施的主要作用是从质量上提高该地区的环境整体性,为达到休闲、美化和保护的目的提供适当和足够的绿色空间以及多用途的路线和途径。

(3)社区邻里层级——场地尺度 绿色基础设施的综合功能对赋予生命的自然进程也有明显的意义,主要组成包括城市公园、社区花园、街道景观、私家花园、墓地、小型水体和溪流、屋顶花园等。在这一层级,生活品质、场所品质和环境品质的增强是主要目的,诸如行道树的建立、管理或者鼓励积极利用私人花园,因为它们在整个系统中的累积效应会很大。

基于此,在绿色基础设施规划之前通常需要对其景观尺度进行解析,确定适合本次规划尺度的绿色基础设施类型。如英国西北部地区在编制绿色基础设施导则时,即将其尺度类型从小到大依次分为社区尺度、县域/城市尺度、城市区域尺度和战略尺度四个级别,并对不同空间尺度规划中需要重点关注的绿色基础设施类别、解决的主要问题以及方案编制深度做出了诠释,多尺度和多层次性成为绿色基础设施的重要特征。在美国的佛罗里达州和马里兰州,GIS模型被应用于不同的地理区域以及不同的尺度。例如，在跨州层面上的范例有东南生态框架和切萨皮克湾分水岭资源土地评估；州级层面的范例有特拉华州、马里兰州、弗吉尼亚州三州的保护廊道；跨县层面的范例有萨吉诺林荫道；县级层面的范例有安娜阿伦德林荫道总体规划。

1.3.4　绿色基础设施的功能

在当前土地资源稀缺、城镇地域的空间扩张迅猛的普遍背景下，绿色基础设施主要针对自然系统的生态、经济效益以及社会效益的转化展开探寻，进而希望能够实现以传统维护作为前提基础，最终制造出可持续同时更为高效的土地运用以及发展形式。绿色基础设施充分考虑土地开发、城市增长以及灰色基础设施规划需求，强调通过优先设定需要保护的非建设用地来控制城市扩张和土地资源保护，形成可持续发展的城市形态。

绿色基础设施的功能主要包括空气和水的净化，涝灾害的减缓，废弃物的解毒与分解，土壤的更新及其肥力的保持，作物和自然植被的授粉及其种子的传播，病虫害爆发的控制，气候的调控和稳定，人类文化遗产的保护，人类游憩和教育场所的提供，生物多样性的产生和维持，生态系统的产品生产和物质循环的保持等方面。此外，绿色基础设施的功能还包含了娱乐、公共权力、生物多样性、自然风景和乡镇景观、自然危险和可持续能源利用与生产等方面，在面临解决以下城市问题中起到了重要作。

（1）促进城市空间结构的合理发展　绿色基础设施是一项极其重要的公共设施。这是一个系统的、大规模的规划，通过与经济发展规划、交通规划以及其他公共政策进行很好的协调与整合，可以调整好城市的内外空间结构，合理发展住房以满足人口的变化，实现城市区域的结构和功能的良性发展。

（2）实现绿地的多功能性　一个绿色基础设施的网络应包含多种类型，从而为各个年龄段的人提供服务。如果有这样一个维护良好的网络，便可增加绿色基础设施的多功能性，比如通过绿道和使用非机动车道来强调公众的健康、生活品质以及交通需求。

（3）可持续的资源管理　在资源的可持续管理中，绿色基础设施所扮演的角色包括食品和能源的供应、污染控制、气候的改善、洪水风险管理等。比如在荷兰，受到海平面上升和极端降雨增多的影响，许多城市面临洪涝的威胁。为了避免灾难，蓄容更多的雨水，就需要在城市中设置更多的水体或者蓄水设施，拓宽河道或者增加辅助河道。在澳大利亚，水敏性城市设计的理念在风景园林设计中开始实行，雨水经过收集、过滤、净化和储存并最终得到利用。这些绿色基础设施的生态服务正是实现可持续资源管理的途径。

（4）维持生态进程和生物多样性　大多数国家土地保护规划侧重于保护单个生物栖息地、自然保护区或其他具有重要自然或文化资源的孤立区。然而，如果将这些公园、自然保护区隔绝开，生态过程无法发挥最大的作用，野生动物种群也就不能大量繁衍，因此，这些"孤岛"也就不可能达到完善的保护目的。绿色基础设施可以使这些"孤岛"连成"网络"，对维持重要的生态过程及野生动物种群健康发挥整体生态作用。

（5）提升景观品质　绿色基础设施还可以从审美、体验和功能的角度出发来提升资源与环境的视觉品质，提升环境的景观价值。

1.3.5　绿色基础设施的内涵

绿色基础设施的内涵体现在对生态过程和生态格局的极大尊重，更加强调人与自然的平等地位，在满足人口增长而带来的空间与物质需求呈几何级数增长的同时，也应该满足其他生物生存的需要。因为它们与人类是共生共存的关系，其他生物消亡了，人类也就灭亡了。因此，为了人类更好的明天，要对空间环境予以更好的保护和维护，进而增加自然对生命的持续供给以及支撑能力，进而实现环境、社会、经济等相关综合效益。具体表现如下：

（1）在环境层面上　GI 的绿色生态网络可以维持自然生态的过程，保护赖以生存的空气、水和食物不受有害污染物质的危害，并且在固土防风、固碳汇碳、蓄积雨水地表径流、减轻自然地质灾害等方面发挥重要的保护与支撑功能。

（2）在生物多样性保护层面上　GI 的实施能够控制城市的蔓延和无序发展，使得土地利用与开发更加科学合理，土地的利用效率得到极大提高，减缓生物栖息地的破碎化及其退化和消失的趋势，通过重建网络空间将破碎的栖息地斑块进行重新连接，并加强保护重要的关键生态廊道，使生物物质流动得以畅通，最终使生物多样性得到最有效的保护。

（3）在经济层面上　GI 本身就具有生物生产和提供食物的功能，并且其自然的生长、进化能力和过程，可以同时有效减少城市中灰色基础设施的投入，再加之其优美的景观效果也可促进休闲游憩活动的开展，可为地方经济带来活力。

（4）在文化层面上　GI 网络可以连接各个公园、绿地、森林、湿地、风景区、历史文化遗产等，为人们提供游憩空间，承载文化的保护与传播功能。

（5）在社会层面上　GI 的构建离不开大众生态意识的觉醒，当人人都能和自然建立友好相处的和谐关系，就能促进公众的绿色生活方式，使生态、环保的理念一直持续下去，这将对我们的社会产生深远的影响，是功在当今、利在千秋的。

基于上述对绿色基础设施的内涵解析，可以大致将其分为相互联系的六个系统：生物栖息地系统、社区游憩系统、低碳化交通系统、可持续水系统、生态化防灾系统和绿色能源设施系统。

1.3.6 绿色基础设施的特征

（1）必要性　GI的"生命支撑"功能及其构建的系统性生态网络结构,可以减少对自然灾害的敏感性,保护自然生态系统价值和功能,保护人类和生物的广泛利益。因此,构建绿色基础设施是实现良好生态环境的有效途径。

（2）城乡区域一体化　绿色基础设施研究体现出区域性研究的特点,以平衡和协调开发与环境保护为本质,区域性、城乡整体控制的可持续发展是其发展趋势。

（3）要素多元化　并不局限于城市或城镇建成区内的绿地系统,而是涵盖自然、人文生态系统的各层面要素,包括以自然生态为主要研究对象的生态基础设施,以人文生态系统为依托的城乡绿色开放空间网络体系,不再仅仅是绿心、绿带、绿道等,而是由单纯的自然生态系统转向人文生态系统方面的研究。

（4）层次体系化　多层次、多层面、多尺度的研究角度是绿色基础设施的总体特征,一般包括宏观城乡区域层面、中观城市、乡镇层面以及微观的社区层面等,具有多功能、多尺度、多层次性,既是为了人类的需求,同时也须满足其他生物的需求,产生不同的效益。

（5）主动性与长期性　GI为人类提供多种功能服务,必须按其策略和原则主动地进行规划,是对于城市生态环境具有前瞻性指导作用的措施,而不是见缝插针、锦上添花的点缀,并且要经过长期的经营才能达到目标。

（6）可持续性与弹性　GI是各种要素的融合,由自然生态系统、半自然生态系统以及人工生态系统组成,在空间上具有稳定性,在时间上具有持续性。并且可以通过绿色基础设施的网络系统构建对不同时期、不同生态功能需求进行调节,实现可持续发展与稳定增长。

1.4　绿色基础设施的规划原则与方法

1.4.1　绿色基础设施的规划原则

绿色基础设施所强调的是凭借策略性的空间框架的建设,提供能够帮助城市积极发展的机会,进而有助于土地的永续和可持续利用。对于绿色基础设施的定位而言,欧美发达国家将其看作为战略性的维护框架,并且提出了诸多规划原则。

本尼迪克特(Benedict)归纳了绿色基础设施规划的十个原理:第一,保障连通性是关键;第二,强调绿色基础设施与周围环境的生态联系;第三,应以合理的科学和土地利用规划理论和实践为构建基础;第四,由于绿色基础设施是生态保护和发展的框架,因此满足精明保护与精明增长的要求是首要条件;第五,绿色基础设施规划应具有优先权,于土地的开发之前进行才能有效保护绿色资源;第六,绿色基础设施规划应基于自然和人类的"双赢";第七,要充分考虑土地相关利益者以及所有者的意愿以及需求;第八,要以形成多目标和跨尺度的生态保护网络为目标,建立充分的各层次内部及各层次间的联系;第九,规划、实施与目标实现具有长期性,不能因政策和人为因素而随意改变;第十,绿色基础设施是一项需要优先投资的公共基础设施。

沃姆斯利(Walmsley)通过对新泽西州的相关案例进行研究,提出了下面几项准则:第一,对最大最为重要的开放空间节点予以保护;第二,对开放区域的连通性予以维护和增强;第三,对具有发展潜力的绿道提供足够的空间,以确保绿道的"连接"和"节点";第四,提供多样的绿道连接方式,提高网络的复杂性,增强网络的稳定性。

在对大量绿色基础设施的实践进行综合分析后,可总结出以下几点规划原则:

(1)优先性 必须基于"生态优先"原则,在土地开发之前评估土地现状,进行绿色基础设施的规划和设计,使自然生态系统处于核心和主导地位,保证关键的网络中心和连接廊道的生态功能的发挥。而在那些因无序开发造成栖息地破碎变成孤岛的地区或区域,则通过绿色基础设施规划可以重新将破碎化的绿斑进行整理修复,并寻求适宜廊道将其进行网络化连接,再划定为绿色保护空间,其生态效益的恢复可使人类和自然同时获益。

(2)整体性和系统性 绿色基础设施作为一项战略性保护策略,理应被视为一个整体体系来进行保护以及发展,需构建一个可以对环境进行考虑以及整合的景观学办法,只有将环境生态体系分析作为前提和基础,方能对发生在景观体系以及自然体系当中的变化进行理解,发挥其作为整体生态系统的功能。因此,采取孤立保护的措施会使生态进程和功能受到影响,不利于减少人类建设快速增长给生态系统功能和服务所造成的威胁。

(3)连通性 绿色基础设施的核心内容是连通性,包含自然、社会和经济网络的连通。这三者中,自然体系网络的连通是最为主要的,凭借对自然资源价值予以描述和定义,突显空间网络功能,遵循场所特性,并将其生态、社会、经济进行连接,使 GI 网络效益最大化,促进社会经济的稳定发展。

(4)多尺度 绿色基础设施规划需要在规划区域与周边区域甚至是更大范围进行协调,并且不受限于行政管辖。所以面对不同的空间尺度时,绿色基础设施需要从不同的类型、规模上开展思考,科学地解析景观尺度。作为一个完整体系的框架,绿色基础涵盖广泛的地域,既能够小到一个花园,也可以大到国土范围内的所有生态保护网络。

（5）公共性 绿色基础设施是一项重要的公共设施,社区资源的保护和恢复、休闲以及其他公共价值和益处是每一个人都应该共享的,尤为重要的是这一设施能够降低其对其他基础设施的需求。作为一个基本的预算项目,绿色基础设施理应如同其他灰色基础设施一样,在年度预算当中被计划和安排。

（6）综合性 想要促进绿色基础设施的前进发展,仅仅依靠单一的学科或科学是根本不可能的,绿色基础设施必须依靠科学合理的土地规划,依靠地理学、景观生态学、区域以及城市规划、交通规划以及景观设计等有关专业的支撑。因此,GI规划也必须综合考虑城市生态、经济、社会文化的多样性对城市绿色基础设施安全格局的影响,综合集成多种对策和途径,基于系统观解决城市生态安全问题。

（7）协调性 行政管理机构、研究和教育机构、土地所有者、环境保护组织、社区等通常是关于绿色基础设施的规划与管理的各个利益相关者,但它们各自具有不同的背景、诉求与目标。各项绿色基础设施的实施是否能够达到预期的目标,就必须建立这些利益相关者彼此间的联盟以及互相关系,并且通力合作才能完成弥合保护行动和其他规划间的空缺,必须采取公开的论坛和讨论,激励大家共同参与。

（8）长期性与可持续性 绿色基础设施为人类提供多种功能服务,由自然生态系统、半自然生态系统以及人工生态系统组成,在空间上具有稳定性,在时间上具有持续性。并且随着城市化和城市发展,需要不断调整格局模式以适应变化,对不同时期、不同生态功能需求进行调节,所以要经过长期的经营才能实现可持续发展与稳定增长。

1.4.2 绿色基础设施的规划方法

1) 以水平生态过程作为根据的空间分析法

这一办法主要得益于 GIS 在景观规划以及景观生态学中的相关应用。因为景观生态学着重对水平生态过程和景观格局的关注,使得民众对景观过程的认识更加直观与深刻,为绿色基础设施规划提供了新的视角和理论基础,而 GIS 分析技术的飞速发展为其提供了全面的技术平台和保障。

绿色基础设施及绿地网络规划都非常重视水平生态过程的保护与控制,比如通过生物迁徙路径建立廊道,提供积极的策略解决自然栖息地破碎化问题,并建立和完善生态景观格局。GIS"最小费用距离"模型的运用最为广泛,与此同时对生物体的行为特点以及景观的地理学信息予以充分考虑,并以此为依据对廊道的位置与格局予以确定,并以最小距离模型作为前提依据,依靠对生物运动、城市扩张等水平生态过程的模拟，对景观中起到关键生态作用的踏脚石、网络中心、连接廊道以及这三者之间形成的空间关系进行确定，建构系统的、适宜的景观安全格局（Security Pattern，SP）。

2）以垂直生态过程为依据的叠加分析法

在麦克哈根所提出的人类生态规划概念中首次运用适宜性分析方法，对人类活动和景观单元以及土地利用间的垂直过程更加注重，着重分析地理-土壤-动植物与人类活动及土地利用之间的垂直过程和联系，采用"千层饼"式的叠加方法使分析结果得以直观地呈现。从美国有关基金资助的 44 个关于绿色基础设施的项目中可以发现，几乎一半项目运用了 GIS 作为平台、基于"垂直"生态过程的要素叠加法来确定绿色基础设施的适宜性。

3）形态学空间格局分析法

形态学空间格局分析法（Morphological Spatial Pattern Analysis，MSPA）是基于形态空间格局分析的图像处理方法，根据腐蚀、膨胀、开启、闭合数学形态模型，对栅格图像的空间格局进行度量、识别和分割，并通过一些系列的栅格化的地表地图的常规影像处理方法来对斑块、廊道和地表相关的结构进行识别和分类，在一定程度上也能够基本呈现对地表数据的连续性变化的表达。

相较于其他绿色基础设施建构的方法，MSPA 法对数据的要求相对较低，仅仅需要采用土地覆盖数据，而不需要对多层数据进行叠加，依据某一指定边界的内部性对网络中心予以确定，连接廊道则根据邻域原则确定，从而形成完整的网络结构。此方法不单单能够对网络中心以及廊道的位置予以判断，还能对不同类别的廊道进行识别。詹姆斯·D. 韦翰（James D. Wickham）等将 MSPA 作为一种 GI 规划的简化的补充方法。

4）基于图论的分析方法

对于构建和分析景观连接性而言，网络分析以及图论是较为有效的工具，所以 GI 能够变化为图论之下的网络，涵盖一系列的连接以及节点。所谓的节点其含义是栖息地斑块，而所谓的物种的扩散其实质就是各个连接廊道。对于网络而言，通常分为环形和分枝网络两种，并能够生成不同连接性以及复杂度的图式，建设现实的生态网络时可以参考这些网络。

以此作为前提，还能够运用一些指数对网络环通度、连接度和闭合度等予以衡量，主要包括 α、β、γ 以及成本比指数，最终的最佳方案的确定是以费用率低、连接度高作为评价依据。此外，运用重力模型来表示节点间的交互作用，并由廊道的连接节点以及对其作用力有效性的大小予以决定：廊道阻力值越小，交互作用越大，节点栖息地质量则越好。其计算公式同下：

$$G_{ab} = \frac{N_a N_b}{D_{ab}^2}$$

在节点 a、b 之间，G_{ab} 是其交互作用力，a、b 之间的权重是 N_a 和 N_b，节点之间廊道标准化累计阻力值是 D_{ab}。斑块的面积和阻力值决定节点的权重。源和廊道的相对重要性可以通过重力模型计算来确定，进而选择并确定优先开发哪些廊道，并依据相互作用力的大小来对各个节点进行连接。不一样的作用力最小限值能够指导形成不同的方案。

对于景观尺度研究而言，图论尤为重要，它能够作为具有启发性的框架，重复地进行推演，而且对于各种长期的物种数据也不做要求，能够把复杂的现实景观予以系统化、简单化。对网络抽象成图论的理念以及连接性指数提高了量化评价办法。对每个绿色空间其相对重要性可以通过重力模型予以确认，对绿色空间网络可以通过重力模型和图案予以确立，相比于随机选择效果要更好。重力模型和图论的结合对 GI 的建设提供了一个很便捷的办法，同时也提供了景观演变手段以及量化评价规划方案。

5）四种构建方法的比较与评价

以上四种对 GI 格局以及要素予以确定的办法，其目的在于能够发现潜在的廊道以及枢纽，进而实现网络间的彼此连接，可其做法以及想法之间存在明显的差别，其办法也是各有千秋：垂直叠加的办法比较粗略，但对于小区域或者是对 GI 要求确切的情况下比较便捷；以水平生态过程作为根据的分析办法较为复杂，对相关数据的要求比较高，但对生物多样性的保护比较适用，其有很详细的物种调查数据，或者对其他水平生态过程的状况予以强调；较为抽象的是网络和图论分析，没有充分考虑功能性连接，对定量评价连接度比较有用，对规划方案获得的效果能够较为便利地予以评价，通过结合重力模型能够对优先保护地区予以选择；对于具体的生态过程以及功能连接性，形态学办法并未予以考虑，但其非常详细地对几何连接性予以评估，对相关数据的要求比较少，分析起来很是方便，比如先采用最小费用距离模型来确定潜在廊道，再根据网络连接度指标来选择方案，或是结合垂直叠加法以及水平生态过程进行分析。把各种各样的办法所建立的 GI 予以对照借鉴等，详见表 1-3。

1.4.3　绿色基础设施的构建程序

绿色基础设施强调的是通过策略性的空间框架的构建，提供给城市积极发展的机会，以利于土地的可持续和永续利用。西方国家的学者将绿色基础设施定位为战略性的保护框架，并提出了多项原则。

绿色基础设施规划程序因规划对象的差异而有所不同，在具体的规划编制和

表 1-3 四种 GI 构建方法的比较

GI 构建方法	基于垂直生态过程的叠加分析方法	基于水平生态过程的空间分析方法	基于图论的分析方法	形态学空间格局分析法
理论基础	传统生态学	景观生态学	图论、网络分析	几何形态学
空间结构	点-线-面的叠加	点-线-面构成的网络	网络拓扑结构：节点及其连接	中心、桥、环、分支、边缘、孔、岛
连接的含义	廊道适宜性	最小阻力路径	连接指数大、成本低	几何空间的相邻关系
连接的类型	结构性连接为主	结构性连接和功能性连接	结构性连接为主	结构性连接
数据基础	自然地理信息和数据量要求较多	自然地理信息、物种行为特征等和数据量要求最多	自然地理信息和数据量要求较少	土地覆盖数据量要求最少

实施方面，国外已积累了大量经验。如 ECOTEC 提出以目标为导向的五步骤规划方法，麦克唐纳（L. A. McDonald）等归纳的目标设定、分析、综合和实施四步骤法，威廉姆森（Williamson）提出的六步骤建立绿色基础设施体系：提出方法、列举资源、规划远景、确定源斑块和连接要素、制订计划，最后建立体系。

ECOTEC 和麦克唐纳等分别以西欧和美国的 GI 规划案例为基础，对其规划的一般步骤进行了梳理，分别提出了五步骤和四步骤两大方法。

1）ECOTEC 以目标为导向的五步骤规划方法

第一步：合作伙伴和优先事宜的确定。通过对现有地方或区域战略的解读，识别绿色基础设施建设的利益相关者，确定绿色基础设施能够促进的战略重点及其优先事宜，制定政策评估框架，为随后的规划确定方向和重点。

第二步：数据整理和制图。通过资料的收集和综合分析与整理，辨识现有绿色基础设施的组分、质量、分布、连接性及其与周边土地利用、人口分布特征等之间的相互关系。通常情况下，可依托地理信息系统分析平台，分析土地利用、地理信息数据以及其他社会、经济和生态的各种数据信息，建立基础数据库，为后期的方案编制提供支撑。

第三步：功能评估。综合土地利用、历史景观、城乡布局以及生态等多个因子，详细解析规划区内绿色基础设施组分及其质量，剖析现有绿色基础设施所具有的功能和能够提供的潜在效益并图解。

第四步：必要性评估。该步骤包括时势评估和未来预测两个部分，要求在功能评估的基础上,以生态和经济社会效益最大化为出发点,结合本地特色,判断现有绿色基础设施对当地发展的支持情况;结合城市战略重点,判断当地绿色基础设施当前建设的不足及其潜在可塑的功能,最终辨识哪些绿色基础设施是需要维护提升的类型,哪些是需要创造的类型,并结合图示直观表达。

第五步:干预性计划,即指导绿色基础设施规划实施的行动方案。通过前面三个步骤的资料收集和分析,形成更为完备的资料数据库,并制定最终的绿色基础设施规划方案;积极参与区域、次区域及战略伙伴的地方政策的制定和磋商中,形成现实可行的执行机制;积极推广绿色基础设施规划的思想和策略,将其植入土地利用等发展规划中,实现规划编制的统筹协调;关注规划实施的可行性,制订切实可行的资金筹措计划。

2)麦克唐纳等归纳的目标设定、分析、综合和实施四步骤法

根据麦克唐纳等的概括,目标制定过程中应强调融合由利益相关者、专家、政府等组成的领导组或咨询委员会的规划指导目标,注重从景观尺度上开展规划,强调对区域资源如何受益、如何相互作用以及如何被周边区域生态系统影响等综合作用过程的分析。

分析过程强调生态学理论、土地利用规划相关理论以及景观尺度方法等的运用,注重生态系统与生态过程以及景观特征和人工环境等之间的关系。到目前为止,以生态学理论为基础,并辅以多样化的土地利用,在地理信息系统的技术支撑下,通过生成和提取生态"汇集区"和"廊道"来构建区域绿色基础设施网络的处理和分析方法普适性较高。

综合过程是绿色基础设施规划的核心部分,通过探究现有绿色基础设施的保护状况,并以绿色基础设施网络为理想分析模型,比较和分析两者差异,从而找出经济发展过程中正在和即将面临巨大威胁、需要重点保护的区域并以地理图件的形式表达出来。

最终,通过构建优先保护体系作为规划实施的决策支持系统,并在此基础上生成一个能够指导规划实施结果的土地保护战略,形成实施机制和资金筹措计划,推进实施过程。

国内学者裴丹曾通过比较其中较有代表性的几个国家和地区的绿色基础设施规划项目,将绿色基础设施规划的具体步骤归纳成以下六个步骤。① 前期准备:划定规划区研究范围及研究尺度,落实项目资金和相关政策研究;② 资料搜集:搜集绿色基础设施要素现状的数据;③ 分析评价:对搜集的数据进行筛选、整理、分析及评价;④ 确定绿色基础设施要素和格局:依据选取的绿色基础设施要素及其相关分析,划定绿色基础设施的格局,满足保护与发展的共同需求;⑤ 绿色基础设施综合:将规划设计的绿色基础设施格局与现状进行反馈调节,协调各

方利益需求,最大程度地保障设计的合理性;⑥ 实施与管理:依照规划设计进行项目实施,并注重实施及项目后期的维护和管理,强化绿色基础设施完成后的生态效益评估。

　　除此之外,寻求其他组织和公众的评论和参与,对绿色基础设施能否成功实施也十分关键,是当前绿色基础设施规划相对薄弱的环节。地方建设管理机构、房地产商、旅游行业人士、社会大众最好都能参与整个过程并形成良好的评价回馈机制。

2 绿色基础设施规划实践案例分析

绿色基础设施自从被欧美很多国家视为一种能够持久发展的关键战略以后，均展开了不同目标、不同形式和不同规模的规划与实践活动，以下将对一些比较有代表性的实践案例进行分析研究。

2.1 美国

2.1.1 马里兰州的"绿图计划"

马里兰州因为城市化带来了较为严重的土地消耗、景观破碎化严重等生态问题，该州在1991年开始建设绿道系统作为生态廊道。2001年州政府又推出"绿图计划"(Maryland's Green Print Program)，建立了从州到县的各个层次的规划和实施导则，目标是连接大型生态网络中心和绿道，最终形成全州范围的绿色网络体系，以保护乡土植物和野生动物的生存环境(图2-1)。"绿图计划"侧重于对自然生态的保护，主要针对尚未城市化或城市化程度较低的郊野区域，该计划将全州的自然资源分为自然高地、湿地和水生生态系统三大体系，本着先保护后开发的理念，以"网络中心(Hubs)-连接廊道(Links)的自然系统"模式呈现，如图2-2所示。

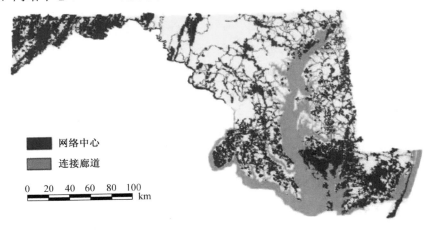

图 2-1 马里兰州绿色基础设施网络

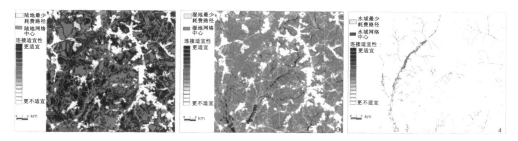

图 2-2　马里兰生态系统评估——左:陆地;中:湿地;右:水域

来源:付喜娥,吴人韦.绿色基础设施评价(GIA)方法介绍——以美国马里兰州为例[J].中国园林,2009,25(9):41-45.

绿图计划的核心内容是依据土地资源特性及物种等多源数据,快速识别具有较高资源保护价值的区域,从而展开针对性的详细土地调查,同时在适宜的尺度(1 270 m²)对生态重要性和由开发而引起的网络脆弱性进行优化,并制定连续、系统的整体保护战略和多层次格局。绿图计划的规划与实施主要包括四个步骤:第一,评估并确定需要保护的土地使用状况、土地特征及生物物种等各类景观要素的数据,进行归类和属性分析,筛选出具有较高生态资源保护价值的区域,进行网络中心的识别和保护强度等级的划分;第二,进行网络要素、中心区和连接廊道的识别与划分,进行重新连接和优化,形成大型的、生态特征更加显著和稳定的网络结构,最大程度地补偿由于生境破碎化和退化所造成的生态功能效益减退;第三,通过对生态价值和开发风险等的评价来确定不同的优先保护等级,构建系统的多层次格局,实现整体的保护,并产生人与自然所共享的生态效益和社会效益;第四,寻求和公众及其他组织的参与。

在"绿图计划"的规划与实践的过程中,形成了一项绿色基础设施的评估工具,即绿色基础设施评价体系(Green Infrastructure Assessment,GIA)。绿色基础设施评价体系将生物学以及景观生态学作为前提基础,同时结合 GIS 并运用多层叠加法,寻找区域内与之毗连的网络中心以及现有的或潜在的联系廊道,运用评估系统识别后,对连接廊道以及网络中心在区域中的相关参数以及发展过程的风险因素进行区别分析;测定区域中网络中心和廊道的生态价值和脆弱性等级,并确立对其的保护顺序;最终构建模型,并输出数据,如图 2-3 所示。该研究结果可以推演出绿色基础设施维护等级以及管理情况,如图 2-4、图 2-5 所示。

马里兰州的绿色基础设施模型有效地获得了全州的生物多样性和大部分自然资源的情况,在评价生态重要性和开发风险性的基础上设定了保护优先权,经过规划师及自然保护领域专业人士的检测与审查,获得政府机构的认可和运用,成为各级政府的决策工具,并将其作为基础资料,最终成为该地区绿色基础设施规划的重要依据被运用到相关规划之中。

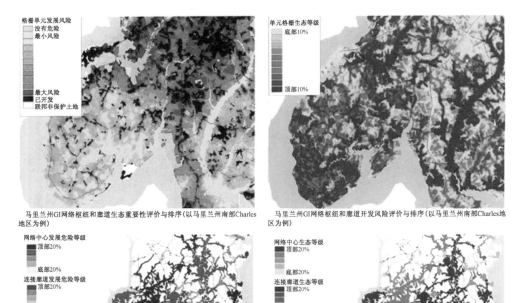

图 2-3　马里兰州生态系统评估

来源：李咏华.基于GIA设定城市增长边界的模型研究[D].杭州:浙江大学,2011.

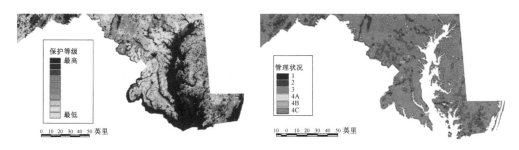

图 2-4　马里兰州发展限制及保护强度示意　　图 2-5　马里兰州绿色基础设施管理状况

来源：付喜娥,吴人韦.绿色基础设施评价(GIA)方法介述——以美国马里兰州为例[J].中国园林,2009,25(9):41-45.

美国马里兰州的"绿图计划"对绿色基础设施导向的具体规划方法和导则的积极探索,及其取得的卓越成效获得了高度评价,它率先探索了绿色基础设施评价模型并付诸实施,在平衡土地开发与自然资源保护和生物多样性保护等领域得到推广和广泛应用,成为近年来绿色基础设施理论与实践的典范。

2.1.2 佛罗里达州的"绿色网络体系"

在 1994 年的时候,佛罗里达州便开展了绿道系统的规划,1998 年颁布了全州范围的生态网络规划和游憩与文化网络规划,将景观分为自然景观和人文主导景观两类,两者共同构成了全州绿色基础设施规划的基本空间框架,如图 2-6、图 2-7 所示。

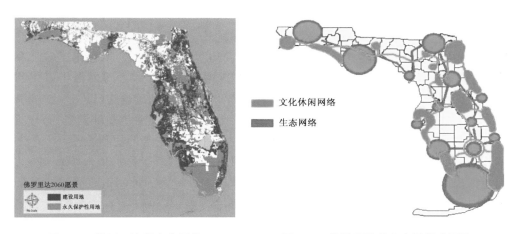

图 2-6 佛罗里达州生态网络   图 2-7 佛罗里达州生态及游憩网络

来源:李博.绿色基础设施与城市蔓延控制[J].城市问题,2009(1):86-90.

1999 年,美国东南地区 8 个州通过佛罗里达大学地理规划中心完成了以分析为基础的东南区生态框架规划等。这些生态框架、绿道体系都可以统称为绿色基础设施。从以上实例来看,大规模网络主要从已经有一定规模的绿道体系开始,随后通过资源评估、规划、分析等进行进一步的规划,并通过各相关管理部门的相互合作以及研究与规划部门制定可实施的保护、建设、弥补方案,从而全面开展实施。这一过程在马里兰州的实践中用了 10 年时间。规划的前期研究工作可能只需要几年,但具体的实施过程相当漫长。

2.1.3 新泽西州的"花园之州的绿道"

新泽西州是美国城市化程度最高的州之一,也是人口密度最高的州,城市生境破碎化较为严重。该州的 GI 规划综合考虑了生态、美学、文化和游憩价值,命名为

"花园之州的绿道"。其规划步骤为:先评估并确定土地利用类型,再对滨水廊道、河漫滩涂、森林斑块等的生态价值进行评价,最终把价值最高的开放空间作为"枢纽"。

新泽西州的绿色基础设施规划立足于高度城市化地区的生态修复和补偿,其规划过程有两个主要步骤:第一,分析利用现有已经被保护的开放空间和绿道;第二,识别潜在的、有着显著的生态、美学、文化和游憩价值的需要保护的土地。

2.1.4 西雅图的"五大交织的网络系统"

2006 年西雅图城市绿色基础设施规划,将 GI 的焦点从区域尺度转向城市建成区,规划了由开放空间、低影响交通、水、生物栖息地、新陈代谢五大交织的网络系统构成的城市绿色基础设施体系,构建了城市绿色基础设施的概念、策略、结构和规划研究方法。

西雅图模式吸纳了马里兰州 GI 研究的精髓——内部连接的自然区域和开放的空间网络,立足于城市建成区现有结构和城市生活因子两个方面,吸纳了城市森林、城市低影响交通、城市雨洪管理、城市溪流恢复以及都市农业等城市生态化的研究成果,构建了由五大交织的网络系统构成的城市绿色基础设施(UGI),是最早提出城市绿色基础设施的案例,其规划策略包括创造整合的绿色基础设施、提升生态空间的开放度、人口密度和社区环境质量的衡量、提供平等的使用途径。

最终的规划在灵活的多层次的 GIS 地图中描绘出了全面的 20~100 年间的绿色基础设施网络,还提出了一个被城市所采纳的可转换的近期策略所用的框架图示。该项目的主要规划途经包括以下几方面:

(1)综合绿色网络的建立 串接开放空间以形成环状网络,同时衔接高地与海岸线,并与区域步道系统相连接;丰富开放空间的功能属性,尽可能地高效利用每块地,并获取利益;在保障绿色空间完整性及其生态功能的前提下,重新定义运输廊道的具体走向和用地边界;创造并运用自然排水方式,利用雨水花园、湿地修复、地表渗透等方式恢复水系。

(2)提高开放空间的生态性 基于城市水系恢复城市的生态廊道,在尊重水系的基础上将被掩埋的历史河道进行重建,并修复河岸廊道与海岸栖息地;建立和保护绿带网络,将现有城市森林区域扩大,并重视对野生动植物栖息地的保护。

(3)改善城市的空间分布 将发展的重心放在城市中心区,并对外围的绿地、农田、林地等予以维护;强调绿色建筑,在住宅和商业等的建筑上运用绿色屋顶,既可以减缓城市热岛效应,同时还可以辅助雨水储蓄,创造局部栖息地;建立新的城市中心,并提高其功能复合性,将商业、居住、公共设施等混合布局;鼓励内部自给自足的分散式农业生产、水资源处理、能源发电等,降低对外部资源的依赖。

（4）加强可达性 提高市民到达水域、开敞空间等的便捷性；提高开放空间的层次性，提供包括城市公园、游乐场、生态公园、人行步道等多样化的开放空间。

西雅图开放空间网络通过对开放空间及其生态功能的整合，创造多样性的社区公园、休闲空间、野生动植物栖息地、城市街道、低影响交通等，致力于利用绿色基础设施网络实现社会、经济和生态三者的平衡发展。

马里兰州和西雅图的绿色基础设施规划，分别代表了在郊野空间和城市空间层次上的两种模式，其规划前提都是将绿色基础设施视为城市自然生命支持体系的认识，其规划目的也是引导未来城市的可持续发展的战略部署，与此同时都重点关注了系统内部彼此间的联系，而且构筑了很多有功能的开放系统。然而，虽然二者具有上述共性，但对于不同的研究尺度和规划，以及不同的区域发展以及环境等问题仍然存在较大差异，表2-1是对四个案例的比较。

表2-1　美国四个绿色基础设施规划的比较

地名	马里兰州	佛罗里达州	新泽西州	西雅图
研究目的	开发与保护自然资源，保护生物多样性	生态保护与修复，提升文化与游憩功能	控制城市蔓延，修复开放空间和保护区的破碎化	在高度城市化区域，构建高连接度、多元功能的生态可持续发展的宜居城市
研究对象	全州区域内的土地资源特性及生物物种	全州绿道体系	现有绿道、各类规划中将要保护的土地资源和潜在的具有生态、美学及游憩价值的土地	位于城市内部、外围或之间的自然、半自然和人工的生命支撑网络系统
理论基础	景观生态学和保护生物学	景观生态学	生态保护与破碎化修复	景观生态学、奥姆斯特德的公园体系理论、生态工程
规划策略	先保护后开发的策略	自然景观与人文景观相融合的理念	生态、人文、美学融合理念	创造整合的绿色基础设施，提升开放空间的生态效益，提供平等的使用途径
结构形式	网络中心（Hubs）和连接廊道（Links）组成的绿色空间网络	区域性生态框架	以绿道串联各个"枢纽"，形成具有连通性和边界功能的网络系统	五大交织的网络系统，彼此分离但内部紧密连接的多功能开放空间体系
规划成果	构建了全州的GI网络和生态数据，建立并实施了绿色基础设施评价模型（GIA）	生态网络，文化游憩网络	评估并确定绿色基础设施的生态价值，减小破碎化程度，控制了城市的无序扩张	综合城市雨水管理、绿色街道、都市农业、低影响的交通模式等概念，与开放空间整合形成五大网络系统

2.2 欧盟

泛欧盟绿色基础设施网络(Pan - European Ecological Network,PEEN)是区域性的生态网络建设,其主要目的是:第一,对整个欧盟范围内的重要生物栖息地、物种和景观格局进行全方位保护;第二,确保有足够面积和适宜的区域使物种的生存和保护处在良好的状况;第三,能够顺利地开展物种迁移以及扩散;第四,可以修护核心生态体系破损区域;第五,在一些重要生态体系遭受潜在威胁的时候可以有适当缓冲区域。泛欧盟绿色基础设施构建主要由欧盟绿道规划(European Green Belt Initiative)和欧盟 LIFE(The Financial Instrument for the Environment)项目组成。

2.2.1 欧盟绿道规划

欧盟绿道规划实际是指从巴伦支海一直延伸至黑海的生态网络,是可持续发展以及进行自然生态保护跨区域合作的、具有代表性的全球符号,如图 2-8 所示。其规划的主要目的是:①构建全域范围的功能性的生态网络;②建立并实行跨区域合作的绿色共享制度;③形成并发展可持续发展的方法与手段;④建立生态实验室;⑤构筑绿色带作为活动的标志与最终产品,见图 2-9。

图 2-8　欧盟的绿道规划

图 2-9　欧盟绿色带

来源:林雄斌,杨轶,田宗星.绿色基础设施规划与实践导则:欧盟、北美和英格兰的经验与启示[C]//中国城市规划学会.城乡治理与规划改革:2014 中国城市规划年会论文集(07 城市生态规划).北京:中国建筑工业出版社,2014.

2.2.2 欧盟 LIFE 项目

欧洲绿色基础设施构建的策略包括：建立合适的生物栖息地和生态走廊，加强连接性，增加缓冲区和踏脚石以恢复生态系统的功能和提高生态效益，从而解决生态系统连通性的问题以增强欧盟地区的生态网络的功能。欧盟 LIFE 项目主要利用财政刺激提升环境质量，这一项目中的《公路物种多样性行动计划》凭借交通网络以及与高速公路机制有关的保护栖息地和物种的计划，尽最大可能提升对物种多样性的保护。LIFE 凭借绿色基础设施构建，对相关空间计划予以支撑，如图 2-10 所示。其主要策略有：①减少景观破碎化；②提高生态系统的复原力；③保护生物多样性；④适应气候变化；⑤促进综合性空间规划。由此，LIFE 项目达到了良好的实施成果，如加强了物种及栖息地之间的交流性，恢复了生态系统的功能，缓和以及适应了气候改变，促进了综合空间规划等。

欧盟LIFE项目
欧洲绿色基础设施

图 2-10 欧盟 LIFE 项目绿色空间示意

来源：林雄斌，杨轶，田宗星.绿色基础设施规划与实践导则：欧盟、北美和英格兰的经验与启示［C］//中国城市规划学会.城乡治理与规划改革：2014 中国城市规划年会论文集(07 城市生态规划).北京：中国建筑工业出版社，2014.

2.3 英国

英国绿色基础设施规划的探索始于 20 世纪 20 年代末，大体上分为形态构建、类型构建和系统构建三个阶段。在形态构建阶段，重点建设环城绿带（Green Belt）；在类型构建阶段，重点是对公园进一步的分级规划和建设；在系统构建阶段，重点是建构系统完善的绿地网络系统，并相应地提出了绿链（Green Chain）、绿网（Green Grid）等概念。

2.3.1 英格兰西北区域绿色基础设施实践

英格兰西北区域从全球首个工业重镇诞生到最终转型成为以服务和知识为前提的现代经济后的数十年，在这一地区的规划以及公共策略中，绿色基础设施作为重要特征贯穿于整个发展史。GI 在《西北绿色基础设施导向》中是指面向"全部地方和任何区域"。从河流到海岸栖息场地，从工业废地到户外运动场地，这一区域的绿色基础设施基本包含了全部的空间类型，把 GI 网络同建设区域予以全面的最大程度的结合，以展现出巨大潜力。

在西北绿色基础设施规划实践中能够看到，绿色基础设施其所表示的实质是一种土地使用以及规划的办法，在诸多土地运用层面的挑战中，其多功能性以及自然相连性能够发挥关键作用。

除上述内容以外，对于绿色基础设施的进程的跟踪和资料采集，通过构建公共利益记录体系（PBRS）予以证明是非常有效的，值得被借鉴和推广。

2.3.2 2004 年伦敦东部绿网规划

历史上，伦敦东部以污染较为严重的重工业为主导产业，工业企业、采矿地、垃圾填埋场等使得东伦教的生态环境和人居环境很差，面临着雨洪威胁、野生动植物的生存环境恶化、土壤和空气污染、缺乏游憩活动空间、本土文化缺失等生态、环境、社会问题。经过 20 世纪 60 年代的城市更新和东南绿链建设之后，虽然取得了一定效果，但是空间环境问题并未彻底改善，例如土地污染和开放空间破碎等问题依然突出。

伦敦东部绿网是真正按照 GI 理念进行规划的项目，其目标是最终实现通过绿色网络将城市中心区、工作区、居住地和交通节点连接起来，并且绿色网络可同时与穿城而过的泰晤士河相连，增加伦敦东部区域的绿地及开放空间，构建出一个景观质量提升、彼此联系以及多功能的空间体系，确保其可以具有绿色基础设施功能，不单单拥有美学价值，同时还有其他诸多功能，比如对民众健康予以改善、吸引资金、连接社区等，其对于增加商业机会以及复兴城市而言是一个重要的途径。该项目于 2001 年完成，2008 年获得英国景观研究学会首席奖，其规划核心内容包括如下几个方面：① 公共空间规划；② 可达性和连接性规划；③ 生物多样性规划；④ 为适应气候变化和防洪的规划；⑤ 文化遗产规划；⑥ 建立分级分区的管理模式。

2.3.3 2012年伦敦绿地系统及开放空间规划

2012年,伦敦绿地系统及开放空间规划从公共开放空间、区域生态安全、游憩活动、地域文化等方面着手,达到整合利用土地资源、保护生态环境、激发人文活力的目的。重点解决伦敦公共空间不足、游憩路径不成系统的问题,通过增加开放空间类型和覆盖范围、完善游憩路径等方法,构建了联系城市中心、交通枢纽、水系、公园、就业集聚区、住区的绿地及开放空间网络。通过绿道或滨水绿带与伦敦绿链规划中的山谷、公园、森林等构成区域绿地。

目前伦敦已经构建了较为完善的绿网系统,如图2-11、图2-12所示。对于绿地体系空间布局,帕特里克的规划极其具有前瞻性,时过几十年他最初的设想方才实现。伦敦绿色基础设施规划从单一的公园、绿环规划逐渐向多元、综合的规划转化,它从改善开放空间入手,通过雨洪控制、公共空间等级完善、绿道系统贯通、生物栖息

图2-11 伦敦绿色基础设施区位图

来源:吴晓敏.英国绿色基础设施演进对我国城市绿地系统的启示[C]//中国风景园林学会.中国风景园林学会2011年会论文集:巧于因借 传承创新(下册).北京:中国建筑工业出版社,2011.

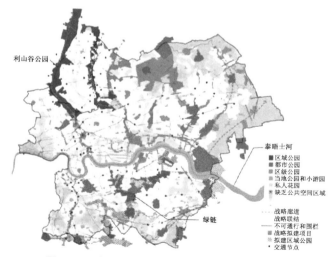

图2-12 伦敦绿色基础设施——东部绿网规划

来源:吴晓敏.英国绿色基础设施演进对我国城市绿地系统的启示[C]//中国风景园林学会.中国风景园林学会2011年会论文集:巧于因借 传承创新(下册).北京:中国建筑工业出版社,2011.

地保护、文化设施提升等方法,达到保持老城活力、改造棕地、复兴城市边缘地区、修复生态地区等多方面的效果。网络化的绿色基础设施对于伦敦生态环境的改善起到了重要作用。历经整整150多年的治理,伦敦环境质量得到了显著改善,现在泰晤士河已经成为全球流经大城市的最为洁净的河流。

2.3.4 英国卡莱尔市绿色基础设施规划与复兴

卡莱尔市位于英国北部,既是英国棉纺织业的发展中心,同时也是英国铁路交通运输的枢纽,农用地和沼泽地占市域土地的70%以上,绿色基础设施严重匮乏,生态环境遭到严重破坏,亟须通过绿色基础设施规划来整合城市空间,提高土地利用率,优化绿色基础设施的配置,全面提升生存空间和环境品质。

(1)规划目标 旨在对以后20年甚至更长远的城市园林以及绿地空间的管理予以引导,凭借建设绿色基础设施进而创造出生态可持续发展是规划的目标所在,而且具备一定的区域文化特征。同时把绿色基础设施的主题定位在下面几个部分:生活质量、可持续和弹性、形象同感知、空间以及经济增长,通过对有关主题的阐释,对GI的潜力以及价值予以探索。

(2)规划策略

① 利用绿色空间规划来改善城市形象,提高民众感知体验。卡莱尔市的周边有丰富的风景区、公园、林地等良好的旅游资源,市镇自然而然成为城市区域通向景区的门户节点,需要利用GI来连接和优化现有游览路径,在对现有线路予以优化的前提下,在中间嵌入非机动车道、步行道等,让民众可以切实感受到GI通道,而不是单纯地将其视为交通廊道。

② 通过绿色基础设施规划进行土地和空间整合,促进经济发展。GI不单可以为城市生产生活提供原材料,同时还能净化环境,对生态平衡予以维护,并且合理的GI规划还能够提升城市文化的底蕴和层次。

③ 运用绿色基础设施提高居民的生活质量和幸福度。GI常因为较高等级道路、流域以及其他障碍等各式各样的阻隔而导致人们无法接近,致使其功能不能充分发挥。规划指出,针对社区引入GI的难易度开展相关评估,结合民众的心理以及实际需求,提高廊道连通性进而促进民众和设施的和谐关系。

④ 通过绿色基础设施的规划和运行来维持城市的可持续发展。绿色基础设施可以改善城市热岛效应,降低噪声以及大气污染的影响,以及利用生态化雨水管理策略,对野生动物的栖息场所和迁徙廊道予以保护等(图2-13),对城市的可持续发展进行平衡与控制。

⑤ 公众参与以及实施保障。用网络平台对民间团体之间的互利合作以及利益关联者进行咨询,相关规划具有较好的公众基础,比较容易达成共识,对之后的

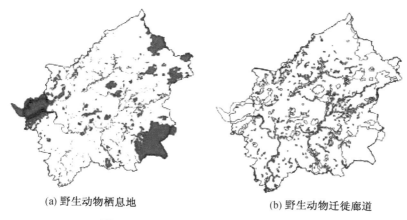

(a) 野生动物栖息地 　　　　　　　　(b) 野生动物迁徙廊道

图 2-13　野生动物的栖息地及迁徙廊道

来源:朱金,蒋颖,王超.国外绿色基础设施规划的内涵、特征及借鉴:基于英美两个案例的讨论[C]//中国城市规划学会.城市时代,协同规划——2013中国城市规划年会论文集(05 工程防灾规划).北京:中国建筑工业出版社,2013.

实施比较有利。构建跨平台的合作机制进而实施战略目标,同时构建专门的集资平台;依靠各式各样的活动加强绿色基础设施的公众影响力;采取适当举措积极调动基层社区对维护绿色基础设施的积极性。

2.4　瑞典

　　瑞典同样经历过因为快速工业化而导致地区环境污染严重,造成环境危机。它是整个欧洲最先提倡对环境开展保护的国家,通过对瑞典的绿色基础设施的研究,我们可以窥探其对环境认知的不断改变,以及其从工业文明走向生态文明发展的历程。

　　瑞典绿色基础设施的规划以及建设同其所制定的确切的目标有着紧密的联系(图 2-14),同时渐渐将绿色生态技术以及基础设施等作为实现相关指标的战略手

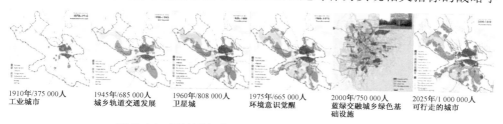

1910年/375 000人　1945年/685 000人　1960年/808 000人　1975年/665 000人　2000年/750 000人　2025年/1 000 000人
工业城市　　　　城乡轨道交通发展　卫星城　　　　　环境意识觉醒　　　蓝绿交融城乡绿色基　可行走的城市
　　　　　　　　　　　　　　　　　　　　　　　　　　　　　　　　　础设施

图 2-14　斯德哥尔摩不同时期城乡规划关注的问题

来源:http://depts. Washington. edu/open2100/Resources/1-OpenSpaceSystems/Open_ Space_ Systems/Stockholm_ Case_ Study. pdf

段,其主要从生态环境、生态产业、生态文明以及生态生活四个方面来确保环境目标能够实现。

但是,斯德哥尔摩曾经也因为工业化致使环境受到污染,使整个国家受到困扰,城市和人口扩张(图 2-15),环境压力逐渐增加,尤其是在 40 多年前,其水资源遭遇到非常严重的污染。1970 年左右,其民众开始注重环境问题,在政府的强制干预下,城乡的发展主要注重土地的开发同自然环境的平衡,同时将保护环境作为首要任务。

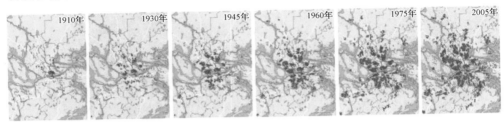

图 2-15　斯德哥尔摩 1910 年以来城市扩张状况

来源:http://depts. Washington. edu/open2100/Resources/1-OpenSpaceSystems/Open_ Space_ Systems/Stockholm_ Case_ Study. pdf

斯德哥尔摩绿色基础设施系统规划呈现出以下显著特征:蓝绿交融的绿色网络体系使得城-乡形成紧密联系的空间格局;重视资源与废弃物的回收与循环、再生与利用;明确环境建设目标,以环境法统领城乡规划;加强人与开放空间的良好连接;重视绿色生态技术在绿色基础设施项目中的应用。斯德哥尔摩绿色基础设施系统涵盖以下三个方面:

(1)蓝绿融合的绿色基础设施城乡空间格局　以蓝绿融合格局联系城市与乡村,城镇以及城市和周边岛屿是绿色基础设施规划构建的特色之一,如图 2-16 所示。蓝绿融合的

图 2-16　斯德哥尔摩蓝绿交融绿色基础设施空间格局

来源:http://international. stockholm. se/Future-Stockholm/Stockholm-City-Plan/

自然环境将城市、城镇建成区和乡村予以围合与连接。

（2）绿地结构　斯德哥尔摩已有 30 多个自然保护区，在该地区有 10 多个大型公园，还有邻里公园、社区公园、都市农场等。拥有满是活力的、密集的绿地环境以及城市公园，而且依靠城市、城乡内部和社区内部的绿廊体系，与自行车等交通方法发生联系，充分提升了可达性，见图 2-17。

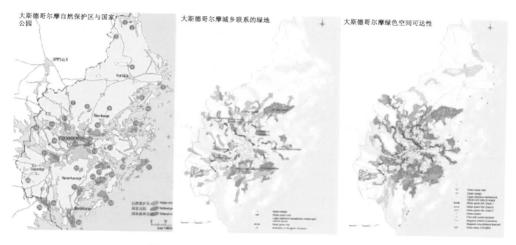

图 2-17　大斯德哥尔摩绿地系统与可达性

来源：http://international.stockholm.se/Future-Stockholm/Urban-development/

（3）绿楔结构　斯德哥尔摩建设有区域绿楔，从城市中央的城市公园向外延伸，尽可能连接最远的郊区及农村，如图 2-18 所示，从而产生巨大的生态、经济和社会效益，极大地满足了人们的游憩需求。

从以上各个国家和地区的实践可以看出，绿色基础设施规划在老城的功能更新、新城的规划建设、城乡生态体系的连接与修复、城市历史人文的保护与发展以及城市的维护与管理等方面都发挥了非常重要的作用。

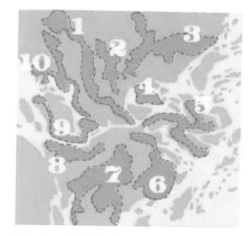

图 2-18　斯德哥尔摩绿色基础设施绿楔结构

来源：http://www.eurometrex.org/Docs/Moscow/Stockholm_Summary_and_Profile.pdf

本章小结

　　绿色基础设施在城市功能的诸多方面起着非常重要的作用,包括洪水消减规划、河流及水资源管理、环境教育、历史文化遗产保护、户外休闲、绿道和绿带、城市复兴及棕地开发等。我国正处于城市化快速发展时期,建立基于绿色基础设施理论的绿色空间网络和评价体系,对保护自然生境,实现城乡生态宜居、和谐发展的目标至关重要,主要体现在以下几个方面:

　　(1)对构建绿地空间网络系统、绿色资源的统计非常有利,其结果可指导即将开发区域的定位和发展模式,亦可将其作为标准对我国城乡绿色资源进行评价。

　　(2)绿色基础设施系统可以形成拥有系统性、整体性、多尺度的绿色保护与发展评价体系,对城市发展规划合理性的提升非常有利,对当下我国城乡一体化土地利用时期的城市基础设施构建、土地生态化高效利用等有重要的借鉴意义。

　　(3)绿色基础设施网络涵盖可能被复原的绿色设施网络用地、可能变成网络的潜在地区以及正逐渐消失的地区,能够凭借检测景观位、地域情况、场地特点等,改造成为森林、湿地、河岸缓冲用地,有助于我们对具有高度生态价值与发展危险性较高区域实施重点定位与保护,给城市土地保护与利用提供战略性指导框架,指导城市良性发展。

　　(4)绿色基础设施体系可将城市开敞空间中的破碎和孤立的小块绿地进行整合后,融入绿色基础设施网络体系,连接由于城市开发建设而造成的廊道和生态过程的中断,并将其纳入评价体系,建立生态指标。

　　基于绿色基础设施的系列理论与技术为科学地分析研究绿地系统提供了生态学的"空间语言",对绿地生态网络结构的研究提供了理论依据和科学的方法。

3 新城绿地规划的研究

新城既有城市的社会需求,又由于地处未开发的、较偏远郊区而具有良好的生态条件,在城市快速扩张的过程中,新城开发是缓解大城市人口、资源、交通压力,维持大城市发展的良好策略,新城绿地的建设正是新城健康发展的必要条件之一,是缓解新城乃至整个城市生态困境的重要途径。

新城绿地系统规划应在区域大背景下把握生态优先的规划原则,尽量保护、利用原有自然生态格局,科学利用现有绿地资源,并对城市绿地体系进行整体性、系统化的规划布局,进行整体、系统的城乡绿地一体化规划,将其建设成为能够发挥良好生态效益的城市"绿网"。

新城建设一方面能够有效控制大城市中心区的过度蔓延,带动和平衡区域的发展,但另一方面对城市内部用地的布局也提出了更高的要求。随着生活水平的提高,人们越来越关注意识形态和精神领域的获得与满足,人居环境的优化与改善也被提到了前所未有的高度。因此,中央绿地作为一种重要手段成为城市中心区开放空间的重要组成部分,使城市复杂的人工生态系统兼具城市与自然两种属性。

3.1 新城绿地的相关概念

3.1.1 城市、新城

1）城市

城市也叫城市聚落,是以非农业产业和非农业人口集聚为主要特征的居民点。人口较稠密的地区称为城市,一般包括了住宅区、工业区和商业区,并且具备行政管辖功能。城市的行政管辖功能可能涉及较其本身更广泛的区域,其中有居民区、街道、医院、学校、公共绿地、写字楼、商业卖场、广场、公园等公共设施。

在《城市规划基本术语标准》(GB/T 500280—98)中,城市的定义是以非农业产业和非农业人口集聚为主要特征的居民点(包括按国家行政建制设立的市、镇)。我国根据市区非农业人口的数量把城市分为四等:人口少于 20 万的为小城市,20万至 50 万人口的为中等城市,50 万人口以上的为大城市,其中又把人口达 100 万以上的大城市称为特大型城市。

2）新城

从字面上来说，新城可以被广义地理解为"新建的城市"，但这并不能从本质上说明新城作为一种规划与建设手段的特殊性，也不能体现其与自然关系的重要性。真正意义上的作为规划与建设手段的"新城（New Town）"起源于英国，根据霍华德倡导的田园城市规划理念，规划建设了两个花园城市莱奇沃思（Letchworth）和韦林（Welwyn），但真正取得进展的是在 1946 年英国《新城法》颁布以后，该法详尽地阐述了"二战"之后政府开发新城的政策要点。开发新城最初的主要目的是疏解大城市人口，建设一个"既能生活又能工作的、平衡的和独立自足的新城"，即新城应为其居民提供商业、教育、公共交通等一切必要设施，并有相当数量的就业机会。之后新城的概念逐渐发展，强调新城充满机会和选择自由、交通方便、多样化、吸引人且有必要的基础设施。

西方国家关于"新城区"的相关研究包含了卫星城（Satellite City）、新城（New Town）、边缘城市（Edge City）、郊区城市（Suburban City）等理念。其中，以《不列颠百科全书》的定义较具代表性：新区/新城是"城市规划的重要形式，在于把城市人口迁移到大城市以外重新配置，并集中建设住宅、工厂以及文化中心，形成相对独立的新社区"。

国外新城建设大致可分为三个时间段，详见表 3-1。

表 3-1　国外新城建设历程

时间	19—20 世纪 50 年代	20 世纪 50—70 年代	20 世纪 70 年代至今
发展阶段	第一次转变——快速城市化阶段	第二次转变——郊区化阶段	第三次转变——逆城市化阶段
核心理论	田园城市、有机疏散	增长极理论、产业集群	生态城市、精明增长
研究视角	社会学和功能学视角	建筑学和规划设计视角	生态学和政策机制视角
空间尺度	中观的城市尺度	中观城市和微观社区尺度	区域尺度及微观社区尺度
动力机制	注重社会需求，强调人口和功能的疏散	注重经济需求，强调区域平衡	注重生态需求，强调政策导向和规划指引
开发实践	卫星城建设	新城、工业园区、经济开发区、科技园区	基于环境生态、可持续发展角度的新城内部和机制研究

我国学者对"新城"的概念可以从四个不同研究视角进行定义：

（1）强调新城与城市空间的关系　新城是以母城为依托，在旧城区外围建设的具有明确界限的集中城市化区域。

（2）强调新城的功能　新城是具备居住区、工业区和商贸区的综合性新城市，是对旧城区的功能疏解，并具备政策性的功能，是实施特殊经济管理体制的区域。

（3）强调新城的时效性　新城是相对于旧城区而言的,随着城市化的深入,逐步与旧城区融合,成为中心城区的重要组成。

（4）强调新城与开发区的继承关系　新城是产业开发区经过发展成熟到衰退之后朝着新城市发展的过渡阶段,是"后开发区"下的产物。

结合国内外学者对新城类型的研究成果,可以从新城的功能和作用、新城的自立性、新城的空间位置三个方面总结归纳出其类型划分特点。

（1）根据新城功能及作用进行分类　①在特定区域以集中开发支柱产业为目的的产业发展型新城区;②以解决大城市问题为目的的新城区(具体包括迁调大城市人口、转移大城市功能等);③为发展某类功能而开发特定区域的新城区(如大学城、旅游城等);④为了平衡地区发展而重点开发落后地区的新城区。

（2）以新城的自立性为判断标准进行分类　①具备多种多样的经济条件,职住接近平衡,成为完全自立性的新城区;②依存于一种主力产业的半自立性新城区;③居住者的工作与生活服务几乎全依赖于母城的非自立性新城区,即所谓的"卧城";④扩张大城市外围原有小城镇开发而形成的新城区;⑤在现有大城市郊区开发的大规模的住宅区;⑥在原有大城市内部,经过大规模的再开发而建设的新城区。

（3）根据新城区的空间位置进行分类　①扩张城市(Expanded Town);②独立城市(Self-contained Town);③卫星城市(Satellite Town);④城市内的新城市(Nero-town in Town)。

在韩国国土开发研究院的新城市的定义中,新城市被分为:①发展据点城市(Regional Growth Center);②独立自足型新城市(New Town);③卫星城市(Satellite Town);④郊外住宅城市(Bed Town);⑤在现成的城市内建设的新城镇(New Town in Town)。

综合上述分类,根据新城开发与发展模式,可以具体而微地将新城分为田园新城、边缘新城、TOD 新城、产业新城、副中心新城、行政中心新城等六类。

3.1.2　绿地、城市绿地、新城绿地、城乡一体化绿地(市域绿地)

1）绿地

目前有据可查的引用较为广泛的绿地定义来自《辞海》。它将"绿地"释义为"配合环境创造自然条件,适合种植乔木、灌木和草本植物而形成一定范围的绿化地面或区域",或指"凡是生长植物的土地,不论是自然植被或人工栽植的,包括农、林、牧生产用地及园林用地,均可称为绿地"。

新《城市绿地分类标准》(CJJ/T 85—2017)制定时对"绿地"的概念、内涵和外延就有过反复的讨论,并在标准的条文说明中加以明确:"本标准所称城市绿地是指以自然植被和人工植被为主要存在形态的城市用地。它包含两个层次的内容：一是城市建设用地范围内用于绿化的土地；二是城市建设用地之外，对城市生态、景观和居民休闲生活具有积极作用、绿化环境较好的区域。"

由此可见，"绿地"包括三层含义：①由树木花草等植物生长所形成的绿色地块，如森林、花园、草地等；②植物生长占绝对优势的地块，如城市公园、自然风景保护区等；③农业生产用地。总之，它包括与城市生态环境有关的一切自然元素，涵盖了所有被植被覆盖的土地，包括自然生长的动植物环境，这就将传统的绿地的范围大大地扩展了，具有市域的概念。

2）城市绿地

《园林基本术语标准》(CJJ/T 91—2002)将"城市绿地"表述为"以植被为主要存在形态，用于改善城市生态、保护环境，为居民提供游憩场地和美化城市的一种城市用地"。它包括城市建设用地范围内的用于绿化的土地和城市建设用地之外的对城市生态、景观和居民休闲生活具有积极作用、绿化环境较好的特定区域。在该标准的"条文说明"中进一步解释为"广义的城市绿地，指城市规划区范围内的各种绿地"，2008 年 1 月 1 日起施行的《城乡规划法》界定的"规划区"是指"城市、镇和村庄的建成区以及应城乡建设和发展需要，必须实行规划控制的区域"。也就是说，它包含了城市建成区以及必须实行规划控制的区域两个空间层次的绿地。这就是"城市绿地"概念的外延。如此界定，更有利于我们在更大的背景下科学统筹"城市绿地"的规划控制。

在《城市规划基本术语标准》中，城市绿地被定义为城市中专门用于改善生态、保护环境、为居民提供游憩场地和美化景观的绿化用地。在《城市绿地分类标准》(CJJ/T 85—2007)中，绿地分为公园绿地、广场用地、防护绿地、附属绿地和区域绿地等五大类。

3）城乡一体化绿地（市域绿地）

《城市规划基本术语标准》将市域界定为"城市行政管辖的全部地域"，《城市用地分类与规划建设用地标准》(GB 50137—2011)指出，城乡用地指市域范围内所有土地，包括建设用地与非建设用地。根据《城乡规划法》第三条规定城市规划区是指城市市区、近郊区以及城市行政区域内因城市建设和发展需要实行规划控制的区域，城市规划区的具体范围，由城市人民政府在编制的城市总体规划中划定。

传统的城市总体规划很多是过多地局限于建筑景观空间的建设性规划，无法从总体上满足建设空间的发展和布局形态的结构性转换的需要，满足城乡融合的自然—空间—人类系统的设计。因此，为避免就城市论城市，保护城市及其所在区域的生态系统，使得城市外围自然环境系统和城市这个人工环境系统的协调平衡，扩大城市总体规划的规划范围，充分利用市域绿地系统规划这一有效途径，把城市放在区域（市域）的范围内进行整体研究已经成为当今城市总体规划理论研究和实践的一种务实行径。

市域绿地是针对《城乡规划法》提出的城乡用地范围内的所有绿地，是一种广义范围的市域绿地概念。由此，"市域绿地"则可理解为城市行政管辖的全部地域内的绿地，涵盖了市区和市区以外辖区以内所有城镇乡村。

2002年建设部下发的《城市绿地系统规划编制纲要（试行）》（以下简称《纲要》）的第四章规定：市域绿地系统规划要阐明市域绿地系统规划结构与布局和分类发展规划，构筑以中心城区为核心，覆盖整个市域，城乡一体化的绿地系统。但是，由于涉及行政管理主体的多元化以及《纲要》本身在市域绿地系统规划规定的模糊性，因此，在涉及市域绿地系统规划的编制时编制单位的有意淡化也时常是不得已而为之，只能提一些大的框架性措施。

4）区域绿地

2018年6月1日实施的新《城市绿地分类标准》中出现了"区域绿地"的概念，指位于城市建设用地之外，具有城乡生态环境及自然资源和文化资源保护、游憩健身、安全防护隔离、物种保护、园林苗木生产等功能的绿地。

新《城市绿地分类标准》中的"区域绿地"是对原《城市绿地分类标准》（CJJ/T 85—2002）的"其他绿地"的重新命名和细分，主要目的是适应中国城镇化发展由"城市"向"城乡一体化"的转变。新标准要求加强对城镇周边和外围生态环境的保护与控制，健全城乡生态景观格局；综合统筹利用城乡生态游憩资源，推进生态宜居城市建设；衔接城乡绿地规划建设管理实践，促进城乡生态资源统一管理。

5）新城绿地

新城有着其与城市和农村相结合的独特性，其规划区域包含新城区中心建设区和周围村镇以及农业区域或是衰败、废弃的工业用地或其他类型的开发用地。城市新区绿地和农村绿地有机融合，是开敞空间的重要组成要素，是城市新区建设中保持自然风貌或自然风貌得到恢复的区域，是构成城市新区景观的重要部分。它以植被为主要存在形式，具有改善城市生态、保护环境、为居民提供娱乐场所和美化城市的功能。

绿地不仅包括城市新区建设中心的各类绿地，还包括区域内园地、水域、牧草地、耕地、林地及其他农用地等较大规模的郊野公园、风景名胜区、自然保护区墓地、森林公园等区域型公园、植物园、动物园、专类园等；花圃、苗圃等生产性圃地；自然人文遗产保护区、野生动植物园、水源保护区、垃圾填埋场、湿地、恢复绿地等其他绿地；带状生态廊道，如道路、防护绿地、河流、城镇卫生隔离带、防风林、城市高压走廊绿带、城镇组团隔离带等防护绿地。

新城一般包含新城区域中心建设区、周围原有的村镇、农业区域、棕地（衰败或废弃的工业用地)以及一些其他未利用地。新城绿地有其自身的独特性,与老城区绿地的组成要素和空间结构有较大的不同。新城区域中除了人工的、半人工的绿色资源,还存在大量的自然绿色空间,如更多的水域、牧草地、耕地、林地、其他农用地、较大规模的区域型公园(郊野公园、风景名胜区、自然保护区、森林公园)、生产性圃地、自然人文遗产保护区、水源保护区、湿地、城镇组团隔离绿带、防风林、城市高压走廊绿带等,都是新城绿地网络的重要组成要素,它们共同形成了新城的景观格局、自然风貌和由此而形成的新城的特有形象,具备改善新城生态、保护自然和人文景观以及为居民提供休闲游憩的功能。

3.1.3　绿地生态网络

自 20 世纪 60 年代以来,生态网络吸引了城市生态学、地理学、城乡规划学、社会学、园林学等多个学科的目光,各学科都对生态网络进行了深入的研究。随着各学科研究的不断跨越与融合,生态网络的内涵越来越丰富,外延也不断扩大。

1990 年"绿地生态网络"概念被提出,它被定义为一种通过流动机制与其他空间系统连接并与其所嵌入的景观体系进行互动的生态系统类型。

在我国,对于绿地生态网络被普遍接纳的概念是"除了建设区域或者是用于集约农业、工业或其他人类活动频率高的地区,自然或有稳定的植被覆盖和按照自然法则连接的空间,主要集中在植被、河流和农业土地,关注自然的过程和特点"。绿地生态网络以保护生物多样性、保护生态环境、恢复和保持整体景观格局、提高城市景观的审美度为目的。其将点状、面状的各类绿地斑块,从大面积的郊野公园、自然保护区、风景名胜区到小面积的城市公园、街头绿地,从山地、河流、湿地等自然资源到农田、果园、苗圃等人工绿地,用线状廊道进行连接,共同构成一个网络化的、弹性高效、自然多元的绿地生态系统,从而促进自然与城市的健康发展与协调互动。

在名称上,目前有"生态网络""绿地网络""绿道网络"等多种表达方式,美国、加拿大等较多使用绿色基础设施(Green Infrastructure)和绿道(Greenway),欧洲则较多使用绿地生态网络(Ecological Network)。其内涵基本相同,都是一种应用景观生态学、保护生物学等思想,从空间结构上解决环境问题的规划范式。

在物质空间上,城市绿地生态网络的概念是"通过绿地斑块和廊道构成的具有生态意义的网络系统结构,它的基础是城市绿色空间,主要作用包括保护生物多样性、整体景观格局恢复、生态环境保护、改善城市景观质量等各种系统性目的。与城市建设用地形成图底关系,且与城市开放空间和娱乐系统在某种程度上是重叠的"。其构成要素主要包括核心区、廊道、缓冲区三个部分。

绿地生态网络从萌芽到不断发展演变,已经历了两个多世纪的漫长过程,研究

表 3-2　城市绿地生态网络概念梳理

分类	相关概念
线性空间形态	公园道(Park Connector)、带状公园(Linear Park)、保护廊道(Conservation Corridor)、野生动物廊道(Wildlife Corridor)、生物廊道(Bio-corridor)、物种扩散廊道(Dispersal Corridor)、生态廊道(Eco-corridor)、休憩廊道(Recreational Corridor)、景观廊道(Scenic Corridor)、历史文化遗产廊道(Heritage Corridor)等
整体空间形态	绿心(Green Heart)、绿楔(Green Wedge)、绿指(Green Finger)等
生态空间基础骨架功能	绿地结构(Green Frame)、自然框架(Nature Frame)等
系统整体性	绿地系统(Urban Green Space System)、开放空间体系(Open Space System)等
空间网络化	绿道网(Greenway Network)、栖息地网络(Habitat Network)
基础服务功能	生态基础设施(Ecological Infrastructure)、绿色基础设施(Green Infrastructure)

者们提出过多种相关概念,总结如表 3-2 所示。

通过梳理上述概念,绿地生态网络从最初的线状公园体系到如今的绿色基础设施,其功能从单一化到多元化,尺度已经从场地的小尺度发展为具有中观和宏观尺度的多层次化,空间结构也演变为更加系统和稳定的网络化结构。当然,这其中最重要的是规划思想与意识的转变,绿地生态网络的规划已经具有主动性和前瞻性的特点,也更具科学性,对新城绿地规划与建设具有重要的指导意义,有利于正确引导新城的开发建设。

3.2　国外新城及其绿地规划的起源与理论发展

新城是一种规划建设手段,除了具有城市本身的功能和特点之外,还具有结构独立性、经济独立性以及社会独立性,对中心城市人口和产业集聚起分流作用。新城的主要特征是选址于城市郊区,生态环境良好,道路交通体系完整,公共设施和市政设施齐全,具有居住、产业、休闲娱乐等综合性城市功能,能够分担中心城市人口和就业压力,是相对独立的城市建设区。

3.2.1　霍华德"田园城市"理念

18 世纪时,英国由于工业生产方式的改进和交通技术的发展,带来城市人口急剧增长,造成城市基础设施严重不足,人口密度极高,城市环境严重恶化。

霍华德的"田园城市"理论从建设城乡结合、环境优美的新型城市的目标出发，将绿色空间作为城市的有机体总体纳入城市规划体系，深刻地阐述了城-乡结合发展模式的必要性与优越性，为城市的进一步发展提供了广阔的空间。这种将城市与区域相联系进行规划的思想，推动了城市绿地系统的规划理论的发展。

霍华德"田园城市"理论的特点主要体现在以下三个方面：①"城乡磁体（Town-county Magnet）"学说，理想的城市应同时兼有城市和乡村的优点，城市生活和乡村生活应该像磁体那样相互吸引、相得益彰。②每个独立的"田园城市"分别由 4 km² 的城市用地和 20 km² 的农业用地组成，城市是农业的市场，而围绕城市的乡村是支持城市发展、保持城乡动态平衡、遏止城市无序扩张的保障。③"社会城市"（Social City），其基本模式是由若干个田园城市组合形成，并以绿地相间隔，通过道路交通进行联系，既要保证每个田园城市的合理规模，又可以享受到大城市的优越性，并恰好避免了大城市资源浪费、效率低下的缺陷。

我们可以把田园城市模型中的绿地结构总结为"外部农田＋城市中央公园"模式，在这样的模式中，城市外围的自然环境也被看作城市的必要组成部分。

3.2.2　从田园城市到卫星城再到新城

1922 年，雷蒙·恩温（Raymond Unwin）在《卫星城镇的建设》中正式提出了"卫星城市"的概念，并且此概念于 1924 在荷兰的阿姆斯特丹召开的"第八届国际田园城市和城市规划"会议中得到了更大程度的推广。大会充分肯定了霍华德的"田园城市"理论和实践，并确定了大城市圈规划的基本形式，即"将城市建成区以大面积绿带进行环绕分隔"。但是，之后的大量建设实践证明，卫星城对中心城区城市功能的依赖极大，造成了诸多现实问题，因此又提出要加强卫星城市功能的独立性，而不仅仅是空间的独立，"新城"的概念由此应运而生。

1946 年，英国率先颁布了《新城法》（New Town Act）并于 1947—1969 年间先后规划了 32 座新城，其中以大伦敦规划中的 8 座新城及后期的米尔顿·凯恩斯新城最为著名。到 20 世纪 70 年代后期，大规模的新城建设活动在英国结束。英国新城周围绿地环绕，适宜居住生活，人口规模不大，城市功能健全，基本沿用了霍华德田园城市的模式。

3.2.3　"区域"观念的建立

1915 年，帕特里克·盖迪斯（Patrick Geddes）在《进化中的城市》中提倡规划应该突破城市的规划范围，应将局限于城市内部空间布局的思想转向城市和乡村一体化的规划体系中，构建城—乡一体基本建设框架，首创了区域规划的综合研究方法，并提出了影响至今的现代城市规划的步骤和程序，即调查—分析—规划的过程:通过对城市现实功能及状况的调查,分析城市未来发展的趋势和各种可能性,预测城市中各类要素之间的相互关系,得出具有可实施性的分析,再依据这些分析和预测,制定科学合理的规划方案。当时的纽约城市规划(1929)、大伦敦都市圈规划(1944)和莫斯科总图规划(1971)都受到了这一思想的极大影响。

3.2.4　沙里宁——"有机疏散"理论

"有机疏散"(Organic Decentralization)是1918年芬兰建筑师沙里宁在进行大赫尔辛基规划方案过程中总结的关于城市规划的理论,他在此方案中切实表达了自己的思想。他认为城市结构要符合人类生活和居住方式的自然特性,人们既希望享受到城市生活和社会生活的各种需要和便利,又不想脱离自然,被剥夺亲近自然、享受自然的权利,人们的理想是居住在兼具城乡优点的环境中。城市必须打破集中布局的格局,演化成既分散又联系的、自发形成的城市有机体。绿带网络可以为城区提供隔离和交通通道,并利用净化功能为城市提供新鲜空气。城市的人口和工作可以分散到可供合理发展的各个城市"有机体"中。由于工业被疏散了出去,城市中心就腾出大面积用地用来作为绿地。

"有机疏散"理论的核心即"城市与自然的有机结合",这一理论在"二战"之后对世界各国的新城建设和旧城的更新改造产生了重要的影响。

3.2.5　邻里单元模式与绿地分散化及隔离型绿地的产生

1929年,美国人克莱伦斯·佩利(Clarence Perry)提出的"邻里单元"理论以社区为单位对城市进行单元划分,这一规划理论对最初的新城建设产生了很大的影响。以邻里单元模式建设的新城,社区与社区之间由城市道路分隔,单元之中设置有多样化的绿地;单元与单元之间往往也通过一定面积的绿地空间的设置对其进行分隔,这也成为了新城建设之初城市内部开放空间由集中到分散的原因之一。

绿地隔离的特征在英法两国的新城建设中较为明显,英国第一代新城几乎全部借鉴了这一模式,法国巴黎地区的新城建设中,其新城各邻里单元之间绿地散布的特征更加明显,更像是将原本就相互分离的城镇通过区域性结合而产生。

邻里单元模式在相当程度上导致了新城绿地由集中走向分散,同时又使得城市内部得以保留较多的绿地空间,这些绿地空间中的一部分又与外部自然相联系,促进了城市与自然之间建立更为紧密的联系。

3.2.6　带状城市模式与线形交通对绿地的引导作用

1882年,西班牙工程师 A.索里亚·伊·马塔提出了带状城市的构想,其核心内容:通过线形交通来引导城市发展形态,沿交通道路布置长条形建筑地带,结合带状交通道路对绿地进行布局,苏联在 20 世纪 30 年代进行斯大林格勒(现伏尔加格勒)规划时就采用了带形城市理论。

3.2.7 "设计结合自然"

1971 年,伊恩·麦克哈格(Ian McHarg)在《设计结合自然》中强调城市应该与自然连接形成一个有机的系统,"理想地讲,大城市地区应该有两种系统,一种是按照自然的演进过程构建的开放空间系统,另一种是按照城市化、人工化的要求构建的系统。如果将两种系统有机地结合起来,就可以创造出既满足人类的需求,又尊重自然的开放空间"。麦克哈格的理论创造性地把景观规划以一种系统、科学、完备的学科研究体系扩展到城市以外的广大区域——广袤的田野、森林、河湖水体,为城乡融合的绿地系统规划的展开奠定了坚实的理论和实践基础。

3.2.8 "集中与分散"理论下的现代城市更新设想

1922 年,勒·柯布西耶(Le Corbusier)发表了《明日的城市》,将居住、工作、交通、游憩四大活动归纳为城市的功能,从而导致了以此为依据的城市功能分区的诞生。在 1933 年的雅典会议上,国际建筑协会制定了一份关于城市规划的纲领性文件,即《雅典宪章》。该文件首先肯定了柯布西耶的思想,指出城市要与其周围地区作为一个整体来进行规划与研究,并再次强调了要确保足够的城市绿地和开敞空间,新建居住区内部必须保留一定空地。柯布西耶的集中主义理论表现为高容积率的集中建设+大型绿地空间的空间模式。

1934 年,弗兰克·劳埃德·赖特(Frank Lloyd Wright)首次提出了"广亩城市"的设计思想,代表的是一种分散主义思想,强调在私人汽车作为交通工具的前提下更应提倡分散化居住模式,受影响最大的是美国的城市郊区化,但其提倡的返璞归真式的田园生活,却也在一定程度上推动了新城建设中对乡村自然和为人们提供接近城市外部乡村自然机会的重视。

3.2.9 新城理论在实践中的发展

新城的规划理论与实践仍在不断地发展演进,一方面,新城与老城的协同发展受到关注并被重新思考,老城的改造与更新得到重视;另一方面,新城规划和发展趋势与经济全球化促生的新城市理论联系起来,酝酿出新颖的观点。比如美国学者埃里克森(Rodeny A. Erickon)的"动态理论"就是针对当代大城市空间结构演进的问题而提出的,该理论将演变过程分为三个阶段:外溢—专业化阶段、分散—多样化阶段以及填充—多核化阶段。除此之外,卡斯泰尔斯的"流动空间"理论以及刚刚兴起的"网络城市"理论也对新城的规划方法与发展模式产生了相当程度的影响。

3.3 新城绿地系统的特点

新城既具备高度的城市化特征和完善的城市基础设施,又与自然接近,并能够相互融合与渗透,农田也可能与城市的绿地系统相结合,成为新城景观的绿色基质。此外,将现有的绿地以及绿地相关的基础设施和植物群落等进行科学、合理的有机连接,将新城区的河流、村落、自然环境、人文景观等进行有机的结合,进而形成一个完整的、合理的、科学的城乡一体的有机生态环境系统,修复和改善生态环境,同时也容易创建自然景观和人文景观相结合的富有地域特色的绿地系统,形成居民休闲娱乐的主要载体和城市风貌特色。

市域的绿地规划的重要部分是对新城绿地进行科学合理的规划,这样更有利于突出绿地的生态效应,可以在最大程度上对生态系统和各种自然资源进行保护,进而起到保护物种多样性和人文景观以及自然景观的作用。

在和城市已经规划过的土地性质不相违背的基础上,应该根据实际的需要,加大对城市公园、湿地、风景名胜区、旅游区域等地区的开发,进一步满足城市生态系统的发展和可持续性。增加知名公园景区与城市中心的联系以及景区与周边地区和其他新城的联系,通过人们的需要对可达性进行完善和改进,提高环境质量,进一步缓解城市的人口压力和绿地压力。新城绿地系统是城市与自然、城市与农村的结合与不断融合,体现对自然的回归和高度的开放性。

3.4 新城绿地生态网络规划的必要性与意义

吴良镛先生曾在 2002 年指出,新城绿地生态网络规划的核心意图不仅在于规划的建造部分,更重要的是在于对留空非建设用地的保护。在城市中,它的规模和土地功能是可以跟随城市发展不断改变的,但景观中的核心要素,如水系、绿地、农田、湿地、沼泽等,作为绿色基础设施骨架的重要组成要素,应该是绿色的、生态的,并且恒定不变的,与城市中的其他相关市政基础设施一样,因为承担着提升人类生存环境质量的重要作用,绿色基础设施是城市重要的自然支撑系统。

3.4.1 构建基于绿色基础设施的新城绿地网络的必要性

高速发展的城市化进程中,各种类型的新城(区)大量涌现,新城是城市拓展和城市土地开发最强烈的区域,对城市土地资源、生态环境和秩序造成了巨大压力,使原来自然系统的土地面积锐减、破碎,阻碍了自然系统的自净及更新,影响了野生生物的迁徙等。

绿地系统受到城市用地制约、土地市场冲击及人工干扰问题的高度胁迫,破碎化严重。在经济利益的驱使下,预留在新的城市绿地系统规划中的绿地建设,受到城市土地利用的限制而寸步难行,绿色空间受到挤压而变窄、破损、断裂甚至消失。绿色网络的连接性遭到威胁,即使存在绿色廊道,也往往由于狭窄和缺裂而不能发挥绿色功能和效应,成为"绿色孤岛"。

新城(区)内的景观格局、土地利用结构、人口结构和产业结构都发生了深刻的变化,人类行为成为景观格局变化的主导因素,这种变化较之其他地区显得更为明显和复杂,其景观格局和生态过程更具有特殊性,景观生态问题和生态安全问题也更为突出。

而人们对于城市发展规模和速度的预期始料未及,面对城市可持续发展的现实目标以及当前我国城镇化过程中出现的普遍问题,必须明确认识绿地对城市生态环境及城市发展的重大意义,城镇绿地体系是城市经济社会与生态环境协调发展的有机载体,通过科学合理化发展城镇绿地体系能够实现二者间的平衡。若处理不当可能会引发一系列的生态环境危机,进而威胁城市生态安全、城市人居环境。

新城的绿地系统布局与规划、绿地建设规模与水平、绿地维护与管理是新城绿色基础设施建设过程中必不可少的重要部分,是人们居住、生活幸福指数最基本的考核标准。社会需求成为城市新城绿地建设的主导因素,这种变化较之其他地区显得更为突出和复杂,在城市空间进一步的拓展过程中,城—乡边缘地带各部分绿地建设关系显得尤其重要。

绿色基础设施的网络化空间结构,确保了生态过程的连续性,有利于维持和恢复自然生态系统功能,增强系统整体应对环境压力的能力,减少经济社会发展对生态系统功能和服务的不利影响,有利于生物多样性保护及随着时间、空间变化的自然及生态过程的持续,构建城乡连续的乡土生境保护网络,最终达到城市生态环境改善的目的。

因此,构建新城、新城与母城之间、新城与市域之间的绿地生态网络是实现整体性、系统性、网络化的城镇绿地发展模式的有效途径。从生态角度出发,在不同空间层面实现绿地生态网络建设形成子系统,连接各个子系统最终构筑区域乃至更大范围的绿地生态网络。

3.4.2 研究意义

新城绿地系统规划有其自身的特殊性,盲目套用城市绿地系统规划理论与方法,可能会对新城空间及绿色资源造成破坏和不当的开发利用,带来不可逆转的损失。绿色基础设施的网络化理论,提供了一种将发展基础设施规划、精明增长等一系列理念融入生态保护的方法,对新城区绿地的合理布局和可持续发展、构建和完善市域的生态系统功能,实现城市和乡村自然环境的协调发展具有重要的意义。

新城绿地系统规划研究是新城可持续发展的必经之路,然而,正在建设或已建完的新城(区)中,由于缺乏科学规划,急于求成,盲目开发、大量挤占良田、规划失当等问题频频出现。新城绿地系统建设没有引起足够的重视,虽然有国外相关理论可以借鉴和学习,但我们必须清楚地认识到我国新城建设与发展还处于探索时期,国内目前针对新城绿地系统规划的研究不多,可供参考的数据也不是很准确和明晰。

新城绿地是城市与自然、城市与农村的结合与不断融合,是有机城市、生态城市模型的反映,体现出对自然的回归和高度的开放性。因此,须构建科学、适宜的绿地系统网络,涵盖环境、生态、人文各个层面,使之既能保护生态环境、连通物种迁徙路径、保护大型栖息地等,又能带动经济、历史文化遗产保护的发展,提高人们生活幸福指数,增强新城的吸引力。并且,新城绿地规划研究能够引导我国城镇绿地走向整体性、系统性、网络化的规划发展模式,为中国城镇绿地生态网络建设研究提供理论框架和实践参考。

3.5　国外新城绿地规划的实践分析

新城是社会发展的阶段性产物,会逐渐与母城形成一种平衡关系,共荣共兴。对我国新城绿地系统规划建设进行研究,亟须借鉴和吸收国外新城绿地系统规划较为成功的经验,本节主要对英国、美国、法国及日本的新城运动及新城绿地系统规划的理论和规划设计的经验教训进行分析研究和学习。

3.5.1　英国新城绿地系统规划实践

1)田园城市

莱奇沃思与韦恩两座田园城市是在一片开阔地带建造的,城市居住的人口规模并不大,外围被农田所环绕,如此一来可以让居住在这个城市的居民时刻享受被绿色所围绕的惬意,确保每个居民都能享受到自然、方便的田园生活。这两个城市的周围有明显的绿带,主要是农田和开放空间,并且有很明显的外围农田痕迹。

在这两座新建城市的内部,仍有很多不相连、不规则的绿色隔离状和空间,虽然莱奇沃思和韦恩两座新城的绿地建设比较少,但是却非常注重植物种植和绿色景观营造,不同尺度和形状的绿色空间遍布全城,规划模式很符合"以人为本、城乡协调"的思想,自然与人工环境有机融合。虽然这两座城市并没有完全实现"田园城市"的理想,但是其已深深地影响了新城绿地的系统规划建设。

2)英国的"新城法"颁布后的新城实践

第一代:哈罗新城。1947年兴建的哈罗新城规模为25.6 km²,地处伦敦北部37 km"大伦敦规划"中12.5 km绿环东北部边缘的斯托特河河谷,城市规划充分考虑了自然现状地形地貌的特点与城市建设的结合。哈罗新城采用自然的手段,将城市和自然有机地交织在一起,绿地具有城市内外相互联系的整体化结构。一方面,城市外围的河谷和丘陵形成了包围城市的大片绿地结构,并保留了城市周边的农田和林地;另一方面,充分结合本地自然山形水系,通过线性的绿地网络将城市外围绿地延续、渗透至城市之中。一条主要以东西向延伸的冲沟从东、南、西三面伸入城市,结合冲沟设置的大型绿地廊道将城市与外部自然及内部绿地空间连为一体。

第二代:肯伯诺尔德新城。该城位于苏格兰,距离格拉斯哥市东北方向约2.3 km的山地上。在肯伯诺尔德新城的建设中,吸取了上一代新城建设的经验,但是在该城的建设中却采用高密度的社区结构,其城市内的各个功能的分区比较明确和清楚,不仅解决了居民的日常生活需要,还满足了居民便捷的交通出行需求。另外该城市的四周还建设有很大面积的绿地,不仅风景优美,而且具有较好的生态系统效益。封闭的空间和开放的空间相互结合和促进,在城市的建设中为城市的景观建设营造了丰富的城市空间。在肯伯诺尔德新城的建设中,将娱乐、自然风景区和休闲区等城市功能相互结合和融合,并且体现出绿色景观规划的思想,这种规划思想在今天的规划与建设中,仍然具有十分重要的意义。

第三代:米尔顿·凯恩斯新城。该城位于伯明翰东南10 km,伦敦西北8 km,处于英格兰的中部,新城总面积为89 km²。新城采用了方格网道路系统并充分发展公共交通,绿地沿着方格网状的道路系统进行合理布局。该城市增加了很多的绿化带,并且在道路两旁都保留大量的林地资源,所有的灌木和乔木以及其中所种的草本植物都是经过挑选和设计后进行种植的,并且按照不同植物的习性,将植物划分为温带、热带、沙生和水生等不同类型的植物景观,使得人们可以在同一个城市看到不一样的景观和风情。

在不同类型的城市中,都有大小不一的各类城市用地相互间隔,其中包括林地和农业用地,从而控制着城市的发展。通过线形绿地与自然山谷、水系的结合确立两条十分重要的绿色景观通道,城市内各个公园之间通过专门的景观走廊和绿道相互连接,将城市各大公园相互连接成一个主体,各大公园和这些连接公园的小道共同构成了该城市最重要的空间开放体系,在英国又被称为"绿色城市"。

从英国的新城建设实践可以看出,"田园城市—新城理念—可持续发展"是有着共同理念和目标的,是一脉相承的体系。英国新城绿地在空间上的典型特征是从居住区到城市的任何地点都有绿地连通相随,并有专门的步行系统与之相匹配。

3.5.2 美国新城绿地系统规划实践

美国学者认为新城是有规划、有目的地进行建设或者开发全新的居住和发展区,因而不同于那些自发形成的居住点和城市。

罗斯福执政时期,就借鉴英国田园城市思想兴建了三个绿带城镇,但到 20 世纪 60 年代却因受到"广亩城市"的极大影响,郊区化现象愈演愈烈,其负面效应也不断显现。在美国联邦政府的干预指引下,"边缘新城"出现,即在原有城市周边重建一个相对独立的空间,通过人口和产业的集聚与发展,逐步转移和替代原有城市的功能,或者有全新的功能,这就是美国真正意义上的新城。

尔湾市位于加利福尼亚州以南 50 km 处,占地 88 km²,在建设的过程中保留和开发了大规模的城市开放空间,在快速发展的新城里设置保护区和水资源保护循环体系。尔湾市在规划和建设过程中受到凯文·林奇思想的影响,利用园林发展的方式为不同功能区域和场地定义不同的特征,包括对城市露天场地等方面的保护。虽然尔湾市经历了长达 40 年的不间断的高密度开发,但是该城市还有大约 178 km² 的农用土地作为自然栖息地被很好地保护着,另外还有大约 24 km² 的土地进行开放空间和公园的建设。

该城市不仅提供专用的供自行车行驶的道路,还拥有上百个游泳池和公园,以此来鼓励市民采用低碳的方式出行,使他们拥有健康、安全、方便的交通方式及娱乐设施。尔湾市的公园面积较之前增加了 36%,街道的总长度先后共增加了 29%,道路绿化面积较规划前增加了大约 43%。详见表 3-3。

表 3-3 尔湾市绿地空间统计

公园及景观场地	数量和面积
社区公园	18 个
邻里公园	35 个
活动场地	41 个
体育运动场地	0.51 km²
独立自行车专用道	0.16 km²
开放空间、绿化带	8.9 km²
街边绿化环境	2.7 km²

3.5.3 法国新城绿地系统规划实践

法国的新城建设始于 1965 年巴黎大区的规划,规划拟以塞纳河为轴线建立 8 座新城,其中已经建立的有 5 座,还有 3 座未建。在法国巴黎地区的新城建设中,并没有采用英国新城发展中的通过绿带与主城进行分隔,而是通过带状绿楔的设置建立城市内部公园绿地与外部农田、河谷、森林的联系,以此将自然资源、自然景观引入并将其与城市的规划相联系。在新城中,内部的公共绿地建设人均达到 25～30 m²,四周的空地和绿地、住宅相互融合。公共建筑、商业区及住宅单元的内部及周边的绿色建设和公园街道、公园区的绿色建设都组成了整体的绿地体系和开放的空间系统,新城的线性空间的布局让大家可以很方便地直接进入绿地,可达性高。新城的公园在规模和面积上都比较大,占地 1～5 km² 不等。

巴黎地区已经建好的新城有 5 个,其中位于巴黎城市北部,塞纳河轴线以东的马恩拉瓦莱新城,占地面积约为 152 km²,其东西全长约 22 km,南北方向在 3～7 km 不等的狭长地带呈线性分布。马恩拉瓦莱新城采用优先发展城市轴线的规划风格,具有珍珠串状连续建设的特点,对于构建一个功能齐全、空间分布合理的新城市而言是很大的特点。新城不仅具有合理便捷的交通体系,还具有超强的凝聚力。位于其南部的森林和位于其北部的马恩河都被保护得很好,在这两者之间,城市按照线性状态发展,使得人们可以拥有便利的出行环境。此外,基于对自然环境的尊重和保护,城市沿规划的发展轴线通过绿地分割成串珠状的组团。各组团以 RER 站点为中心,每一个功能区都呈发散状态进行布局,最外层是低密度社区和大片自然空地、绿地和自然景观、水体及林荫步道等,它们之间相互连接成绿脉,绿地规划结构如图 3-1 所示。

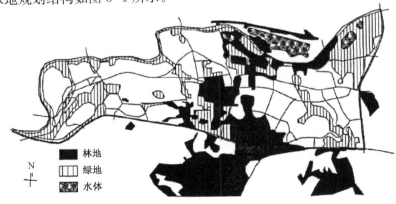

林地
绿地
水体

图 3-1 马恩拉瓦莱绿地结构图

来源:张晋.基于城市与自然融合的新城绿地整合性研究[D].北京:北京林业大学,2014.

3.5.4 日本新城绿地系统规划实践

最初,日本为了缓解人口压力,防止大都市的无限蔓延,在进行新城规划的时候主要采取卧城的模式。之后,逐渐突破单一功能,卧城内种种不同的基础设施和功能慢慢开始变得完善,不仅在交通方面逐渐和母城加强联系,同时也在生态建设、空间布局方面更加强调保护自然生态环境的重要性。在新城市之间、分区之间依靠绿地进行分割,尽量保持生态、自然的原始景观,保持田园城市的风格,在这种设计和保存中主要包括植被、村落、河流等原有的地形地貌。

位于成田机场西北约 40 km、东京东北约 60 km 的筑波新城,总面积大约 284 km²,新城内的旱田、水田、山地、人工林、公园等面积达到新城总面积的 65% 以上,更是以水—绿一体的回廊形式形成的绿色特色空间而闻名,被誉为"人和绿色共存的田园都市"。新城绿地的主体是城市森林,主要以人工林、天然林和单位附属林地为主,分别占城市森林面积的 21%、19%、30%。其中人工林主要由村落防风林、薪炭林、农田防护林等组成,面积达到总面积的 20%。一般来说,单位的附属林地在 10~20 m 之间,以林地代替了单位的围墙,将外边的公共绿地和单位绿化有机结合在一起,构成完整的绿地系统。天然林地主要是保存了原有自然状态下的温带阔叶林和常绿阔叶林,占总面积的 19% 左右。

筑波山及周边地区是山地天然林保护区;牛久沼及其周边地区为天然河岸林和湿地植被保护区;稻敷台地则是平地人工林和自然田野;城区是公园和成片状分布树林;研究和教育机构为敷地林,由其周边的保护林带及其自然保护林组成;道路、河流沿线形成了多带式复层结构的绿色廊道,其绿地结构如图 3-2 所示。

图 3-2 筑波绿地结构

来源:罗志强. 基于生态规划的新城绿地系统结构研究[D]. 武汉:华中农业大学,2006.

筑波新城的规划理念就是尽可能地使各种自然与人为的活动达到有机的联系,新城的建设通过对自然环境资源和历史文化的保护,让居民能够拥有一个文明、和谐、生态的生活环境,并且一直把人和自然的和谐相处的关系当作发展新城建设的目标。经历了40多年的发展,该城现有绿地 101.4 km²,人均绿地面积约 0.6 km²。筑波新城是世人所公认的生态型新城,城内共有大大小小的公园 173个,公园总面积约 1.5 km²,新城内居民的人均公园面积达到 97.3 m²;公园中绿地面积覆盖率不仅在50%以上,而且还配备运动场地和游玩场地;另外,公园与公园之间还建有公园专用步行道,这些相互连接的道路共长 51.2 km,且主干道两边还建有 8 m 宽的林带。

通过以上的案例分析可以看出,不同国家对于新城的类型划分与新城绿地的规划会根据国家自身的情况而有所不同,详见表 3-4。

表 3-4　各国新城绿地的比较

国家	新城类型	新城绿地
英国	仅限于《新城建设法》下所建的城镇,在人口、就业等方面辅助大城市及其区域发展,以田园新城为代表	遵循田园城市的规划设计原则,采取组团式的布局方式,利用大面积的农田绿地与建成区域相互穿插,保护土地、自然资源、风景及其他环境要素
美国	所有大城市周围、原有城镇基础上、市区内新建或改建以及卫星城都被划在新城的范畴之内,包括城中城、卫星城、新城市、休闲新城、规划发展单元	保护自然栖息地,构建由绿道相连的公园与开放空间体系
法国	近郊区的大型住宅区和边缘区的卫星城,主要是吸纳城乡交接地带的新增人口和产业,具有居住、就业、商业服务及文化等综合功能	充分利用良好的自然绿地格局,通过带状绿楔建立城市内部公园绿地与外部农田与森林等的联系,将自然引入城内,住宅单元内部的绿地及公共建筑周边的绿色开放空间以及公园和连接绿道共同组成了新城绿色开放空间
日本	中心城市周边的卫星城、业务核心城市	保留大量的林地、耕地和整体的溪流流域,城市绿地与城市周围的自然绿地相连通构成城乡一体的城市绿地系统,附属绿地开放性布局

针对国外的具有代表性和借鉴意义的新城规划建设的研究,发现在这些新城建设之中都把绿地发展作为重点,并且都具备注重城乡融合的特点,注重对重要绿色斑块及生物栖息地的保护,加强绿色斑块之间的联系性与连通性。在新城的开发中,绿地生态建设作为核心竞争力,作为具有生命力的唯一基础设施,必须被放在十分重要的位置,而且绿地建设对整个城区的建设具有十分重要的作用。综合

国外的绿地建设历程可知,绿地建设正逐渐走向生态化、城乡一体化、网络化、联合化的发展模式,努力促使乡村资源和城市活力相互共享。

3.6 国内新城绿地的产生和发展

由于国内新城建设的起步较晚,对于新城的研究主要可以分为两个方面:一是对于西方国家新城发展的历史、新城建设所依据的城市建设理论及新城建设现状进行分析与梳理,二是从城市空间形态方面研究新城。我国关于城市绿地的主要研究集中在五大方向,即系统观、生态观、协调观、技术观、目标观,主要涉及的四大层面为理论层面、操作层面、评估层面和手段层面。

3.6.1 我国城市绿地的发展历程

20 世纪 50 年代,我国就提出了"大地园林化"的宏伟思想,该思想的建立不仅确定了我国新城建设的规划目标,即全面、清晰、准确的绿色环境,为建设一个可持续、生态环境友好型的城市发展模式指明了目标,而且更加有利于形成一个人与自然和谐相处的生态居住环境。就像吴良镛所述:"在城市化发展的今天,园林不仅仅起到一个公园的作用那么简单,也不仅仅局限于传统方面的概念,更应该走向宏观方面,以人文学领域,用大视野,从自然景观和人造景观相结合、郊区景观和野外景观相结合方面进行拓展。"到现在为止,"大地园林化"的城市构建指导思想仍值得我们思考。

自 20 世纪 70 年代以来,由于相关环境保护方面活动的兴起,寻找一个安全、舒适、健康和宜居的居住环境成为更多人的共识。自从我国提出了"点、线、面相互结合""连面成片"的方针政策后,我国相关的绿化建设已经全面快速进入发展的阶段。到了 90 年代,由于对生态城市、绿色城市的大力提倡和发展,绿地规划和建设相关工作越来越受到重视,我国也先后开展了相关园林城市的评选工作,这表明中国城市建设与发展已经进入一个新的历史进程。

从宏观上来看,有关绿地在城市的建设主要经历了以下几个重要阶段,传统园林、公共绿地、绿地体系化发展、绿地规划与建设生态化等,而这些演变正是伴随着人们对绿地认识的深化和绿地建设理念的转变而来的。

3.6.2 我国新城绿地的研究进展

我国在新城绿地方面也有着极为丰富的研究,例如《北京新城滨河森林公园建设及其对生态环境的影响》《山水环境下的新城空间分区适宜性评价——南京滨江新城的探索》《倡导低碳的生态城景观规划设计——以中新天津生态城起步区景观规划设计为例》《曹妃甸生态城的公共空间及水系和绿化》《沈彰新城绿地系统规划与生态措施调整研究》等一系列探索。这些有关新城探索的案例中对绿地规划的介绍和设计直接为我们的研究提供了丰富而又有针对性的资料。

我国对新城绿地系统建设的研究虽有较大的进展,但是还存在许许多多的不足和问题:现有的科学理论无法系统地解释和指导当前绿地建设,对一些问题研究不深入,比如如何发挥新城绿地生态景观内部各组分之间的关系、布局和整体功能等;在绿地系统建设过程中的规划方法、绿地质量效果评估指标和后期绿地建设管理上仍存在较大问题;同时绿地生态系统规划缺乏系统性和完整性,不能较好地满足有限空间的生态需求。

3.6.3 上海松江新城绿地系统规划的实践分析

松江地处上海市西南部,黄浦江上游,长江三角洲平原,历史久远,有"上海之根"的美誉,是上海西部的重要门户,是上海市区及长三角区域中的重要绿色通道。松江全境约 605.64 km²,南北长约24 km,东西宽约25 km,地势平坦,东南部地势较西北部略高,其区位如图 3-3 所示。

早在 2001 年 1 月 5 日上海市就颁布了政府 11 号文件即《关于上海市促进城镇发展的试点意见》,该文件明确提出要构建特大型国际经济中心的城市城镇体系,提出"一城九镇"的战略设想。该文件规划了上海郊区要以骨干交通建设和重大经济项目为支撑,着力打造中心镇和新城,打造属于上海的现代城镇体系,着力改变郊区分散布局但中心城区向郊区无限扩大蔓延的局面,使上海成为现代化、城市化和工业化的城镇群和都市经济商圈。

图 3-3 松江区位图

来源:《松江新城总体规划修改方案 2010—2020》

1) 松江新城总体规划

松江新城就松江区中的"一城",大约 60 km² 的土地分为前后两期进行开发,其预期的人口承载量大约为 74 万人,之后修订的《松江新城总体规划修改方案(2010—2020)》,将新城面积由 60 km² 拓展至 160 km²。到 2009 年,松江新城已经成为上海的新中心,集政治、教育、文化和人居为一体,成为上海市第一个产城融合、人口超过百万的新城。

针对松江新城追求生态平衡和人与自然和谐相处的建设目标,规划设计在松江新城的建设中体现了全新的"一带、两片和双轴"的空间布局形式。其中,"一带"指的是在高速公路通过的发展带、城镇发展的中心地区发展带,"两片"指的是中山路沿线和沿规划绿轴的新区中心发展片区,"双轴"是指跨越在松江新城中间的南北两条轴线,其功能结构布局见图3-4。

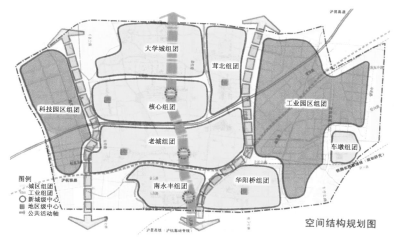

图 3-4　松江新城功能结构布局图

来源:《松江新城总体规划修改方案 2010—2020》

2) 上海绿地系统规划及基本生态网络规划

《上海城市绿地系统规划(2002—2020)》中明确了对"环、楔、廊、园、林"等相关的绿地整体规划和设计的体系,并且在《上海市松江区绿地系统规划(2005—2020)》中也提出了对市级相关方面绿地系统设计和规划的总目标:对辰山、佘山生态林进行重点保护并修复,整合黄浦江水域涵养林资源,使四个十分重要的生态片区在松江郊区新城的四面形成。

《上海市基本生态网络规划》又称为《生态规划》,该文件是《上海城市绿地系统规划(2002—2020)》的补充性规划文件。《上海市基本生态网络规划》中新提出的"生态用地"是对以往规划文件中"绿地"一词的升级和扩容,其中耕地、湿地、绿地和林园地等都是生态用地的一部分,并有待建设成"多层次、成网络、功能复合"的生态绿地结构,很明显《上海市基本生态网络规划》有意将整个上海市作为一个整体来规划。

《上海市基本生态网络规划》对"环、廊、楔、园"的中心城区规划体系进行肯定的同时也重新审视了中心城区外延的生态空间。由图3-5、图3-6可知,在中心城区外围形成了生态隔离带、生态廊道、市域绿环和生态保育区等的放射状结构。

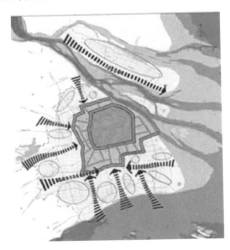

图 3-5 上海市域生态空间结构图　　图 3-6 上海市域基本生态网络规划方案图

来源:《上海市基本生态网络规划》

由于目前上海市生态用地存在斑块化严重、连通性差、有悖城市的连续蔓延形势等一列问题,因此该规划的目标是在完善生态保育区(B)、中心城绿地、市域绿环(G)、生态隔离带(H)、生态走廊(L)等的基础上提升上海市的整体生态环境(图3-7)。

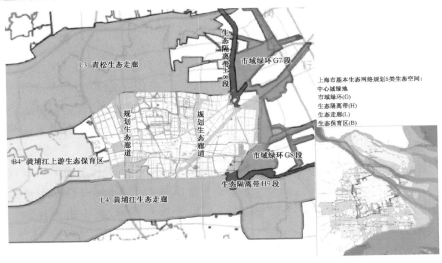

图 3-7 区域生态网络规划图

来源:《上海市基本生态网络规划》

《上海市基本生态网络规划》是松江新城建设及新的一轮规划之前所颁布的。该规划明确提出了规划一定数量的生态保育区和生态走廊，同时也明确提到松江占有很大面积空间的生态保育区、生态走廊及环城生态绿环等结构，松江新城则在这些绿色空间之中形成一种被包围的状态。松江本身的优越生态环境和新的规划政策的出台，给松江的绿地系统规划和发展带来了新的机遇，其具有的极为丰富的可利用的闲置土地以及两条贯穿南北的河道，为建设区域内绿色生态系统提供了便利的内在条件。该规划的目的是将建设松江生态走廊、内部绿廊与该城市的总体生态网络有机地结合。由于黄浦江生态走廊和青松生态走廊的分割，松江新城成为上海西部重要的一处通风走廊，因此该城也是中心城区向西延伸发展的重要目标城区。

3）松江新城绿地规划

绿地青山是松江新城规划的最大特色，上海佘山国家旅游度假区就位于新城的北边，山城相连，别具特色。新城公共绿地面积达到 8 km²，人均绿地高达27 m²，集中绿地率约为 22%，新城示范区绿化面积占比 46% 之多。

（1）区域绿地系统的规划结构 应用"斑块-廊道-基底"的景观生态学理论，结合松江独有的"一山、一水、一城"的景观特色，遵从《松江区区域总体规划实施方案（2006—2020 年）》《松江新城总体规划修改（2010—2020 年）》以及《上海市基本生态网络规划》中提出的城镇布局和城乡结构一体化协调发展理念，建立市、区两级生态网络的基本生态布局，以及点分布、线延伸、面扩展的绿化生态网络结构，形成"一区、两翼、六廊、六片"的结构布局体系和"环、楔、廊"的布局模式。

第一，基础生态网络——区、市生态网络结构：依托区或者市的基础生态环境，对市、区生态网络结构进行构建。

第二，绿化生态网络——点状分布、线状延伸、面状扩展。

第三，规划结构布局：松江区绿地系统结构为"一区、两翼、六廊、六片"的空间结构体系。

（2）松江新城绿地系统规划 在西上海的生态网络系统中，松江新城作为其中的组成部分，越发显示出其位置的重要性。松江新城不仅可以促进结构有机化，还维持着上海结构的稳定。所以该新城的建设不仅需要将该城的发展和生态系统结构相互结合考虑，还要将与新城自身建设有关的绿地建设和全上海市的生态系统网络有机地结合在一起。

根据《松江新城总体规划修改（2010—2020）》的规划目标，截至 2020 年，松江新城开发城区面积将达到 120.51 km²，截至 2020 年松江新城建设相关的绿地面积将达到 52.86 km²，绿地面积占城区面积的比例将达到 43.86%，松江新城区的人均绿地面积将达到 22.38 m²。

以新城区相互交错的河道和新城区的快速干道为载体,进行邻水造林、临路设绿的规划,将休闲空间、生活空间巧妙地结合在一起,进而形成合理的、有秩序的生态绿色系统,构建出多公园、有轴线、有绿色走廊为一体的生态结构布局,如图 3-8 所示。

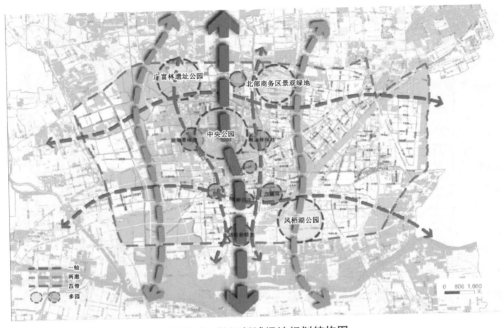

图 3-8　松江新城绿地规划结构图

来源:张晰.大都市郊区新城绿地系统规划研究:以上海市松江新城绿地系统规划为例[D].上海:上海交通大学,2014.

松江拥有十分丰富、深厚的文化内涵,人文风情和历史文化保存得都比较好。松江一直走在上海的前列,随着时代的发展引领着上海的文化和经济发展。所以位于上海城郊地区的松江新城必将以其得天独厚的条件重新创造辉煌,松江新城已经具备一个大都市所应具有的特征,和中心城区的"反磁力"也在逐渐地得以提升。

3.6.4　北京大兴新城绿地系统规划

大兴区的位置如图 3-9 所示,地处北京南大门,北距市中心 13 km,是距离北京市区最近的远郊区,1984 年,经国务院批准成为首都第一批重点发展的卫星城之一。大兴区总面积为 1 036 km²,南北长约为 44 km,东西的宽度也有 44 km。该区有 14 个镇,3 个街道办事处,45 个居民委员会和 526 个自然村。

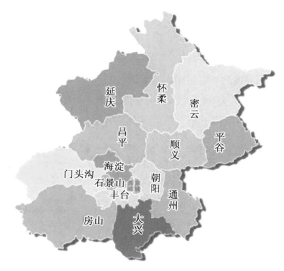

图 3-9 大兴区位图

来源:高影.北京新城绿地系统规划研究[D].哈尔滨:东北林业大学,2008.

图 3-10 大兴新城空间结构规划图

来源:《大兴新城规划(2005—2020)》

　　根据《大兴新城规划(2005—2020)》,该城规划的面积为 163 km²,其中建设用地规划了 65 km²,9.1 km² 的区域用作绿地规划,人均绿地面积达到 15.16 m²。在绿地规划区内有 8.42 km² 的区域是公共绿地,人均公共绿地面积为 14.03 m²,公共绿地面积占整个城市建设用地面积的 12.95%,见图 3-10。

针对文件《大兴新城规划（2005—2020）》，市政府做了重要批复，强调新城是现代文化创意产业和现代制造产业的重点培养地区，同时大兴新城也被划定为北京市极为重要的物流中心。不可否认，大兴新城将迅速发展成为北京南部具有鲜明生态特色的宜业、宜居的综合型、创新型新城。

把"六片""一心"和"三组团"形式作为大兴新城的设计规划纲要已经被确定。由图3-11可知，"六片"主要包含了综合功能承接区和区域综合功能区，其中东北

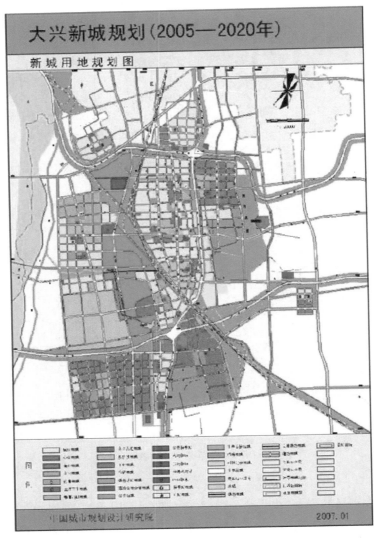

图3-11　大兴新城土地利用规划示意图

来源：《大兴新城规划（2005—2020）》

片区是综合功能承接区,东片区是区域综合功能区,东南片区则被划为物流先导综合产业区,西片区是文教先导综合区,最后生物医疗先导综合产业区则在西南片区。"一心"是大兴新城的文化和行政中心,以公共服务中心和区级行政中心为定位。由西红门组团、狼垡组团、孙村组团形成了"三组团",其中西红门组团是综合承接居住区,狼垡组团是综合生活服务区,而孙村组团则被规划为发展控制区。

新城的相关职能是在《大兴新城规划(2005—2020)》中被明确提出的,由于大兴新城具有离中心城距离较近的优点,因此要紧紧抓住中心城区人口疏散的良好机会,对北部各个城镇进行旧村改造、公共服务设施建设以及综合环境整治,尽力争取将北部建设为北京的新兴居住区。大兴新城的发展要加强其与中心城和其他新城的良好互动,大力推动中心城人口、教育和产业等的疏散。

规划的五个重点为区域协调发展与城乡统筹发展、新城专项规划、总体发展、新城建设标准及控制性详细规划和近期发展与政策实施。在规划实施期内,加大力度提升大兴新城的城市功能和基础设施水平,提高其吸引力和凝聚力,使区域人口实现稳步增长。截止到2020年,大兴新城的用地数量将控制在65 km²之内,总人口控制在60万左右,外来常住人口数目控制在20万之内,因此大兴新城户籍人口将超过40万之多。

如图3-12所示,大兴新城绿地系统规划布局显示为"一心镶嵌、两翼渗透、五路纵横、三水贯穿"的空间结构。

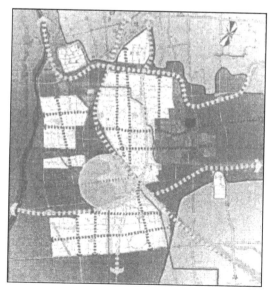

图3-12 大兴新城绿地系统结构示意图

来源:高影.北京新城绿地系统规划研究[D].哈尔滨:东北林业大学,2008.

（1）一心镶嵌：京郊高尔夫球场与城市中心的埝坛水库形成城市绿核。

（2）两翼渗透：道路和水系将新城东边的南苑生态公园和西边的永定河绿化带这两大片绿色空间向城市渗透。

（3）三水贯穿：作为城市的自然生态廊道——城市内部的龙河和天堂河是影响城市景观和通风的重要原因。

（4）五路纵横：作为城市较为重要的生态交通廊道——城市高速路和快速路是连通城市主体和外部环境的桥梁。

大兴新城绿地系统规划布局结构可以简单概括为以下五个方面：

（1）建设生态绿地网络，城市规划区主要以城市和乡村之间的农田、水体、山林以及人工防护林为重点，将城镇内部的绿地系统作为次要考虑内容，将河道绿化带和交通走廊作为连接体，其向城区外围呈辐射的放射状形态，能构成更加稳定和高效的生态防护网络。

（2）建设以长城和京开铁路为沿线的防护林工程，结合农田水利建设，对杨树低产林进行改造，逐渐构建农田林网。

（3）提高和完善新城中心区及在城市规划区内的各城镇绿地系统建设。该工程以城区绿化系统为核心，根据各城镇的布局要求和当地特点，以维护生态平衡、改善居住环境为出发点。

（4）确保六环和七环等公路沿线的绿化建设以及京开高速两边的绿地生态环境建设，重点抓好天堂河、风河及小龙河两边的护岸绿地林的建设，一步一步地打造城镇内外的绿色生态环境。

（5）按照土地的实际情况进行分类种植，加大对种植结构的调整，实行封山造林恢复绿色植物的原则。保护基本农田，建设规划区内的粮食、蔬菜、果品及畜牧业基地。

松江新城与大兴新城都是特大型城市的近郊新城，两者之间既有功能定位的相同之处，又有地理位置、地形空间等的不同之处，因此，两个新城的绿地空间结构也有各自的定位与特色，详见表3-5。松江新城与大兴新城是国内新城规划与建设中具有一定的代表性的成功实践，与本书的研究对象——南京仙林新城在城市发展区位、自然地理环境、生态特征及城市功能等方面具有一定程度的相似性，其绿地系统的规划对本研究有一定的指导作用。

松江新城和大兴新城与研究对象仙林新城的相似性较大，如距离主城较近，都是以文化、教育、现代制造业和居住为主要功能的副中心新城，可有力地分散主城的环境、就业、交通、居住等方面的压力，且都具有良好的生态条件，其规划的经验值得借鉴和利用。

表 3-5 松江新城与大兴新城的比较

项目	松江新城	大兴新城
新城功能	上海市及长三角区域中的重要绿色通道,政治、文化、教育和居住的新中心,第一个产城融合、拥有超百万人口的综合性新城,调整了中心城区蔓延扩张、郊区分散布点的格局	第一批重点发展的卫星城之一,重要的物流中心、现代制造业和文化创意产业的重点培育地区,将发展成为具有生态特色的宜居、宜业的综合性新城
空间结构	规划空间结构形成"一带、两片、双轴"的城市形态	规划空间结构确定为"一心""六片"和"三组团"
新城绿地	构筑"环、楔、廊"的布局模式,形成"一区、两翼、六廊、六片"的绿地系统结构布局体系和点状分布、线状延伸、面状扩展的绿地生态网络	绿地系统规划结构为"一心镶嵌、两翼渗透、五路纵横、三水贯穿",形成以山林、水体、基本农田、人工防护林、绿地系统及对外放射的交通走廊和河道的绿化带为连接体共同构成的绿地生态网络

3.7 新城绿地规划面临的问题与研究趋势

绿地系统规划的主要工作是对城市各类型绿地进行定性、定量、定位的统筹与安排,最终形成具有合理的空间结构和功能的绿地系统,这样绿地的生态保护、游憩休闲及社会文化等功能才能得以实现。但是,无论是绿地系统规划编制方法还是编制政策都不足以应对当前绿地发展的新挑战,特别是针对新城的绿地规划,还有很多值得探讨和研究的方面。

3.7.1 新城绿地规划面临的问题

(1) 为"指标"而规划,对城市绿地生物多样性的关注不足,对绿地生态网络的构建也不完善 "指标"通常为城市建设用地范围内的绿地率、绿化覆盖率、人均绿地面积、人均公园绿地面积等。近年来,有关部门先后推出了"国家园林城市""生态园林县城(城区)"的评比活动,这无疑对城市绿地系统的规划工作起到了极大的促进作用。然而,由于缺乏对城市生态系统的整体考虑,未能从宏观尺度综合规划完善绿地网络结构,仅仅靠这几个人均指标无法有效地对城市绿地系统规划进行评价,有些城市往往因为某一处或几处规模较大的生态绿地拉高了城市的人均绿地面积。不少新城把规划图纸和规划指标当作是城市生态环境最有力的证明,在实际规划过程中,采取各种手段力求达到高指标,而实际的绿化水平却不尽如人意,陷入重数量、轻效益的误区。

(2) 绿地规划对其多元功能未能充分兼顾 人文景观的重要组成部分,如包含历史、文化、美学和娱乐等方面未能充分考虑人们利用的便捷性和如何促进城市发展的和谐性,例如空间的可达性、空间布局与人口社会属性的空间差异等,对新城绿地综合的和潜在的功能缺乏足够重视,这必然会影响到绿地网络的科学规划与建设。

(3)新城的绿地建设缺少成熟的规划理论 我国新城绿地系统规划建设还处于参照城市绿地的规划原理、标准来执行的阶段,并没有的放矢地结合新城所具有的自然地理条件、社会经济条件、新区规模、新区位置、建设速度、人文特色的保持以及不同类型的城市新城进行科学合理的规划,盲目地模仿其他城市的规划模式,却丢失了新城自身独特的风格和特征,还未形成完整、成熟的新城绿地系统规划理论体系。

(4)缺乏与上一层次规划之间的协调和互动 城市绿地系统是城市总体规划的专项规划,往往在总体规划完成以后才开始,两者之间缺乏有效的沟通和协调。绿地系统规划所处的地位十分被动,只能就绿地而论绿地或者依然是"见缝插绿",不能从系统规划的角度来统筹绿地的整体布局和结构。如果城市绿地的格局和构想能够在城市总体规划早期形成,并与总体规划相互协调和融合,形成良好互动,将有效提升规划的科学性及合理性。

(5)土地资源紧缺,绿化建设费用高 这一现象在新城的中心区体现得尤为明显,中心区由于建筑密度高,人口密度大,商业中心大多分布于此,土地价格相比周边区域昂贵许多,在进行绿化改造过程中,征地十分困难,加之以巨大的经济损失为代价去开发看似毫无经济利益的绿地建设,相关决策者很难做出决定。

(6)缺乏有效的监管 对于公共绿地的建设管理,园林管理部门虽然有绿化管理条例,但由于管理体制的原因,无法介入管理,不能得到有关部门的支持。另外,由于城市决策者对城市绿地在城市中所起的作用缺乏足够的认识,从而导致城市绿地系统规划在城市总体规划中一直处于"弱势"地位。加上编制审批后的城市绿地系统规划缺乏必要的公众监督,导致了绿地规划成果因缺乏有力的监督而变成一纸空文,没有得到有效的实施。

3.7.2 新城绿地的发展趋势

目标单一的城市绿地建设向多方向、多目标的科学化、系统化、网络化的城市绿地体系的转变,对城市绿地规划尤其是绿地生态功能提出了更高的、更具体的要求。通过对国内外新城绿地的案例研究,可知新城绿地的发展将呈现以下趋势:

(1)绿地规划的区域化与城乡一体化 由于传统的城市绿地仅仅定义在城市空间之内,不能很好地适应对生态的保护和可持续发展,而城乡之间广阔的生态绿地对城市环境有更大的影响力。这就要求打破行政界限,编制区域性的、城乡一体的绿地系统规划。所以,有关区域化绿地的规划研究会成为将来研究的热点之一,我们可以在近几年的相关规划案中看出来这点,当前的城市绿地规划已经打破传统的理论,向郊区、城乡接合部以及区域等发展以获得更为广阔的空间。

（2）绿地规划系统化与网络化　城市是一个特殊的、复合型的、以人工生态系统为主的开放的、非自律生态系统,然而更加系统、完整的城市绿地系统较相对破碎、互不联系的绿地对城市的发展和影响具有更大的价值。目前,许多地区正在通过构建网络将不同层次上的生态点相互连接起来,形成一个更加完整、有机结合在一起的生态系统体系,也可以为动物提供更多的栖息地,为城市居民提供更多的休憩空间与场所。

（3）绿地规划多尺度、多层次　新城是一个拥有不同尺度和空间范围的综合体,多尺度、多层次策略非常适合不同空间尺度下的绿地规划建设,可以为新城建设提供绿地规划方面的建议和完善的技术体系支撑,并进一步反映城市绿地规划和建设的重要价值和意义。

（4）绿地的综合功能化　以绿地网络为代表的生态空间的规划实践发展到今天已经全面涵盖到环境、生态、人文等各个层面,将会形成越来越综合、复杂的综合型网络框架。

（5）绿地规划的主动性与前瞻性　新城绿地系统规划应该主动地寻找自然环境的生态特性,通过科学的手段对新城的生态系统进行准确的分析,挑选出不同的要素单元在结构中所起的作用和重要性,以此来决定对该地区土地进行何种的利用方式和开发强度,对敏感地带进行强制性严格保护,对相对比较重要的区域加强保护力度,避免出现生态遭到破坏后再补救的状况,这种补偿会付出更大的代价。

（6）绿地评价指标的全面性　除了传统的人均指标外,新城绿地在规划时应考虑经济、效益、效率和公平等方面的要求,实现城市绿地空间在社会、经济、生态功能上的平衡,在方案进行过程或者评价过程中,应该提出能够有效地辅助定性分析的定量评价指标体系,有利于判断分析出更加能够提升城市中土地利用绩效、改善城市环境品质、促进社会经济发展以及降低建设成本的方案。

本章小结

通过对各国新城绿地发展历史的回顾,可以看出,人们对城市绿地在城市发展与环境保护方面的生态功能越来越重视,生态规划的思想已经深入运用到区域规划、城市规划以及城市绿地规划之中。新城的绿地均得到了科学的规划,并构建了良好的生态环境网络系统。

（1）具备高度连通的城市绿地系统、完备的城市公园系统和功能丰富、环境优美的城市公园，较好地满足了城市居民的生活需求，美化了城市环境。良好的城市环境为城市发展创造了条件，促进了城市的发展。

（2）在城市绿地形态演变的过程中，逐步由环带状发展到公园的均匀分布化，进而演变成绿地公园的网络化分布。在区域背景下的一体化绿地规划，打破行政区划藩篱，遵循城乡统筹发展模式，从而发挥更大的生态效益。

（3）在新城绿地内部形态和外部自然认知方面的一些融合趋势逐渐显现出来，其主要表现在两个方面：一是在城市边缘地带，绿带模式对外围自然起到一定的保护模式；二是限制城市发展和增强绿地与自然的联系。

（4）新城绿地的发展更加注重绿地生态效能，因此绿地规划与建设逐渐从以往的单一目标向更加系统化、网络化、科学化的综合目标发展。

4 基于绿色基础设施的新城绿地空间网络构建研究

4.1 基于绿色基础设施的新城绿地网络化构建的背景

4.1.1 城市化带来的环境危机与生态困境

城市化在空间形态上主要表现为城—乡用地结构的调整和变化,在对耕地的保护、自然环境的保护和污染的控制治理等方面具有深远的影响。在全球生态环境危机的背景下,我国的生态赤字逐渐扩大,城乡同时面临生态安全危机与可持续发展危机,各种自然资源被大量消耗,城市的生态系统功能逐渐紊乱。

1) 城市化与城市环境变化

城市创造了巨大的物质财富,同时也带来了巨大的资源与环境压力,自然生态系统退化,生态环境的自我调节能力不断弱化,环境人工化趋势显著增强,空气、噪声、水污染和热岛效应等问题突出,急剧降低了城市自然生态系统的环境承载力,加剧了洪涝、干旱等自然灾害的风险,加剧了资源环境承载力和城市社会经济发展的矛盾,影响了城乡的协调发展。

2) 城市化对农村生态环境的影响

广阔的农村千百年来一直为人类提供水、食物和新鲜的空气,为城市的发展提供原材料,"是人民的生活源泉、国民经济存在的根本"。乡村是优美环境的代表,乡村的景观、自然山水是生命的源泉,也是美的源泉。但是,乡村的现实状况却令人担忧,污染严重,耕地退化,水土流失,湿地大片消失,自然林地面积缩小,物种数量锐减导致生物多样性下降,这些问题极大地改变了自然生态系统的自我运行。农村生态环境的持续恶化,已经影响到正常的工农业生产,威胁到人们的生存,致使3亿多农村人口喝不到安全的饮用水。

第二次全国土地调查截止到2012年底,其调查数据显示:全国的实际农用地共约645.03万 km²,其中耕地约为135.16万 km²、林地约为253.40万 km²、牧草地约有219.57万 km²、建设用地共约36.9万 km²(其中城镇村及工矿用地约30.20万 km²)。在2012年,全国范围内由于被建设占用、灾害毁坏和退耕还林等原因而减少的耕地约有 0.4 万 km²，而通过对土地进行整治、调整农业结构等原因而增加耕地面积约为 0.32 万 km²，实际年内总体净减耕地面积约 0.08 万 km²。

针对农村生态环境持续恶化的现状，虽然采取了退耕还林、耕地保护、农村能源结构调整等一系列措施，取得了一些成效，但是农村生态环境仍在持续恶化，尚未根本好转。

3) 城市化对城乡绿地发展的影响

伴随经济与社会的发展，城市化对我国城乡绿地发展也产生了很大的影响。由于规划建设缺乏科学性而盲目、无序地进行，后期更是没有实行有效管理，导致土地资源被严重浪费，大量良好的绿地被毁坏，突出表现为耕地面积锐减，农业绿地的产出逐年降低，森林面积缩减，草原退化，河流和湖泊等水体面积缩小，自然植被和山体遭到严重破坏，生物栖息地由于被干扰打断而破碎化严重，甚至逐渐快速消失，生态效益骤减。

4.1.2 《城乡规划法》的实施

城乡统筹是基于经济与社会快速发展而提出的概念，是社会经济发展到一定阶段后对城市发展的新思考。2008 年《城乡规划法》的颁布实施表达了破除城乡对立的二元结构的决心，为新城绿地系统规划发展和建设提供了方向和依据，城乡的协调发展对社会发展具有深远的意义。该法规中第 30 条对新城新区的规划与建设做出了明确的规定：对于新城新区的开发以及建设而言，理应对建设的规模以及开发的时间安排予以科学的确定，对当下现有的基础设施以及公共服务设施进行充分的利用，进而确保能够对自然资源以及生态环境予以严格的保护，将本土特征予以突显出来。《城乡规划法》第一次在法律层面将人居环境建设的要求予以明确，指出在进行城乡规划的过程中要将经济、社会、环境等融合在一起，实行协调发展，今后工作的重心必须转移到城乡一体化的大格局当中。新的《城乡规划法》将新城纳入管辖范围，为新城的基础设施建设提供了方向和准则。

绿地系统规划既要做好中心城区绿地的规划建设，又要兼顾城乡一体化的城乡绿地格局，对市域、中心城区及村镇等不同层次的绿地系统分别进行考虑，形成新的城乡绿地系统规划体系。

4.1.3 《城市绿地分类标准》(CJJ/T 85—2017) 实施

根据住房和城乡建设部《2013 年工程建设标准规范制订、修订计划》的要求，2002 版《城市绿地分类标准》(CJJ/T 85—2002) 于 2014 年启动修订工作。修订的 3 年间，从国家层面推出了一系列关于生态文明建设的战略部署，"尊重自然、顺应自然、保护自然"的理念、"绿水青山就是金山银山"的生态文明建设指导思想已成为社会共识。

构建绿地系统最核心的目的是维护城市生态安全、改善城乡生态环境、满足市民多样化的休闲需求,进而推进人居环境健康持续发展,这些无一不需要城乡绿地共同完成。

2018 年 6 月 1 日实施的新《城市绿地分类标准》(CJJ/T 85—2017)中出现了"区域绿地"的概念,是对原《城市绿地分类标准》(CJJ/T 85—2002)的"其他绿地"的重新命名和细分,主要目的是适应中国城镇化发展由"城市"向"城乡一体化"转变。

4.1.4　世界范围内的绿地网络化发展趋势

全球范围的绿地发展,特别是西方发达国家的实践证明,通过构建绿地生态网络可以确保生态过程的持续性,不同尺度、不同目标的绿地网络,可以对维持和恢复自然生态系统、维护生物多样性及随时空变化的自然生态过程,起到至关重要的作用,其极大地改善了城市环境的生态现状,使城市无序发展得到较好控制,应对环境压力的能力有很大提高。

我们应该总结和借鉴其他国家的经验教训,以绿地的网络化、系统化作为主导的发展趋势,并不断探索出适应我国国情的绿地体系规划途径。

绿地生态网络被定义为一种通过流动机制与其他空间系统连接并与其所嵌入的景观体系进行互动的生态系统类型。对于这一概念,北美较多使用绿道网络(Greenway Network),欧洲则较多使用绿地生态网络(Ecological Network),其内涵基本相同,都是一种应用景观生态学、保护生物学等思想,从空间结构上解决环境问题的规划范式。

绿地生态网络从萌芽到形成经历了两个多世纪的漫长演变历程。在此期间,世界各地学者也从各种不同角度努力探索,提出过多种相关概念,总结如表3-2 所示。

综上所述可以看出,绿道网和绿色基础设施规划都是绿地生态网络漫长演变史中不同阶段的产物,两者是绿地网络功能多样化、综合发展的典型代表,将三者的概念进行对比分析(表 4-1)。

通过对以上相关概念,即从公园体系到绿带绿道再到绿色基础设施这样一个演变历程进行系统梳理,可以明显地看出城市绿地生态空间规划发展趋势具有以下特点:① 从独立分散到整体化、系统化、网络化;② 从单一尺度范围到多尺度、多层次;③ 从单目标到功能复合;④ 从被动补救式的保护到前瞻性、主动性的保护等。可见,多目标、多层次、多功能的综合性城市绿地生态网络已成为相关学科及专业领域的研究前沿和研究热点。

表 4-1　绿地生态网络、绿道及绿色基础设施概念对比

类型	绿地生态网络	绿道	绿色基础设施
产生时间	20 世纪 70 年代首次正式提出，源起线性通廊	1990 年《美国绿道》	20 世纪 90 年代末
概念表达	表达具有一定的抽象性，是其空间景观格局的网络化表象	同样具有抽象性，是其空间景观格局的线性表象	具有功能表达，说明其具有类似传统基础设施的功能，是对自然生态系统的基础支撑
结构	核心区、廊道、缓冲区	线性廊道	源斑块、廊道、踏脚石（缓冲区），更强调"内部连接性"的重要
功能	核心功能为自然保护，既可以是单一功能的，也可以是功能多样的	关注功能多样化，以自然保护、美学、游憩、文化为主	注重功能类型多元化
组成要素	以具有生态意义的公园、自然区域、林地、自然保护地为主	能够改善环境，以提供户外游憩空间的线性廊道、开放空间为主	涵盖空间类型种类最广，包含绿道、植被、野生动物栖息地、郊野公园、运动场、历史人文景观、农业土地、自然保护区、河道水体、游憩线路、墓园、棕地等
战略目标	绿色基础设施规划具备前瞻性与主动性，相较于生态网络和绿道而言，它更加强调规划与土地利用及城市基础设施发展之间的联动，并倾向于以一种较为主动的方式去建设、管理、维护、修复甚至重建绿色空间网络，从而为城市提供一个生态化、可持续化的未来发展框架		

4.1.5　基于"美丽中国"的新城绿地建设的机遇

2012 年召开了中国共产党第十八次全国代表大会，在大会报告中提出"将生态文明建设融入经济、政治、文化和社会建设的各方面和全过程，努力建设美丽中国，实现中华民族永续发展"，大会突出了生态文明建设的重要主旨是将绿色生态的原则作为我国可持续发展的动力，加快了社会主义生态文明新时代到来的步伐。

2017 年党的十九大报告指出：建设美丽中国，为人民创造良好生产生活环境，为全球生态安全做出贡献，并强调"必须树立和践行绿水青山就是金山银山的理念"。建设生态文明是中华民族永续发展的千年大计，坚持人与自然和谐共生是新时代坚持和发展中国特色社会主义的基本方略之一。树立和践行绿水青山就是金山银山的理念，是指引建设美丽中国的理论明灯。

"美丽中国"的目标大大推进了"美丽新城"的建设，并对新城的绿地系统规划建设提出了紧迫的要求，即新城建设要以实现人和环境的和谐共生、共同发展的目

标为出发点,引领我国走上生态优美、经济腾飞、社会文明、生活幸福的城乡一体化的新型城市化发展道路,迎来了绿地生态大发展、大繁荣的新纪元。

4.2　绿色基础设施理论与新城绿地

新城绿地系统规划研究是新城可持续发展的必经之路,然而,正在建设或已建成的新城新区中,缺乏科学规划,急于求成,盲目开发、挤占良田、规划失当等问题频频出现。而目前国内针对新城绿地系统规划的可供参考的数据也不是很准确和明晰,理论体系还不完善并有待认证。

新城绿地是城市与自然、城市与农村的结合与不断融合,应体现对自然的回归和高度的开放性,因此,必须构建科学、适宜的绿地系统网络,涵盖环境、生态、人文各个层面,使之既能保护生态环境、连通物种迁徙路径、保护大型栖息地等,又能带动经济、游憩、历史文化遗产保护的发展,提高人们生活幸福指数,增强新城的吸引力,并期望为我国城镇绿地走向网络化的规划发展提供理论框架和实践参考。

1）绿色基础设施规划与绿地系统规划的关系

绿地系统规划应以绿色基础设施规划为基础,二者在规划的目的以及内容上有交叉的部分。绿色基础设施强调土地适宜性、土地保护（修复）、管理,不单单局限于对绿色空间的相关规划,还涵盖生态型的相关工程化结构。在形式上,绿色基础设施是其他开放空间同自然区域相互结合的网络结构,同绿地体系规划相比,绿色基础设施则更加强调开放空间和绿色空间在网络化程度和生态效益方面的重要作用。

绿地系统规划是在 GI 规划的基础上,将 GI 的生态保护以及开发框架作为依据,为满足人们对学习、工作、居住和享受自然等的需求,结合城市的规划与功能而构建的符合国家与行业的标准规范的绿地网络结构。

2）基于 GI 规划技术的绿地系统规划方法与管理的益处

GI 的规划方法与技术更注重科学性,有准确、完善的数据资料和基于生态学原理的分析与处理手段,能模拟现实的情境,其规划结果是定性与定量相结合的。绿地系统规划运用 GI 规划的技术可以摆脱传统规划方法缺乏数据与分析结果的弊端,给规划与实施带来更好的效益。除此之外,绿色基础设施的追踪和监督系统也被证明是十分有效的,值得在绿地系统中借鉴和推广。

3）基于 GI 理论的绿色空间网络和评价体系

建立基于 GI 理论的绿色空间网格和评价体系,对保护自然生境、实现城乡生态宜居及和谐发展的目标至关重要,主要表现在以下几个方面:

（1）有利于绿地空间网络体系的建立,有利于我国现有绿色资源的统计与汇总,确定开发用地的定位和发展模式,并作为评判城乡生态建设的标准。

（2）GI评价体系提供了相关的自然资源数据，并形成具有预见性、整体性、系统性的、多尺度的保护与发展评价体系。有利于合理的区域规划、总体规划和社区规划，对于我国城乡一体化土地利用关键时期的基础设施建设、土地生态利用规划等具有重要的借鉴意义。

（3）GI网络包括潜在可能成为网络的区域以及正在消失的区域，开发土地、开采矿地等可能被恢复的绿色基础设施网络用地，通过检测地域状况、景观位、场地特征、土地所有权和恢复可能性的考虑，评估其成为森林、湿地、河岸缓冲地等用地。GI网络有助于我们对具有高度生态价值与发展危险性较高区域实施重点定位与保护，给城市土地保护与利用提供战略性指导框架，而且可以维持自然生态系统价值和功能，整合动植物和人类需求体系，指导城市良性发展。

（4）GI体系可将人工开敞空间和城市中散落的绿地进行整合并融入网络结构，连接城市化造成的城市廊道和生态过程的中断，并将其纳入评价体系，建立生态指标。

基于GI的系列理论与技术为科学地分析研究绿地系统提供了生态学的"空间语言"，为绿地生态网络结构的研究提供了理论依据和科学方法。

我国正处于城市化快速发展时期，为了保护自然环境与提高土地的绩效，学习并借鉴绿色基础设施体系，对我国绿地规划的研究与实践具有重要的意义。同时，建立完善的评价体系，形成国家、省、市和县级多层次、多维度的层级评价系统，明确环境保护和发展危险等级，有利于制定相应的保护与建设策略。

4.3 基于绿色基础设施的新城绿地网络化构建的目标

在当前土地资源供应紧张的困境下，通过构建绿地网络可以有效地连接破碎的绿地斑块，维持区域生态安全格局稳定。针对目前新城绿地规划所面临的问题，构建的总体目标大致包括三个层面：

（1）识别与保护区域结构性绿地，构建新城合理完整的基于绿色基础设施理论的绿地空间网络化结构。

（2）对新城进行生态重要性评估，挖掘生态用地潜在价值，寻求潜在的生态廊道，构建更完善和优化的网络结构。

（3）兼容保护与发展的多重目标，建设兼顾生态、经济、社会效益的综合型绿地网络。

4.3.1 网络化的绿地生态空间

绿色基础设施理念提供了一种通过对景观格局的整体保护，来实现生态可持续发展的思路,各个孤立的生境斑块通过廊道的连接进行联系,打通生物迁徙的路径,能够有效地保护生物多样性,减少乃至消除由于景观破碎化而带来的生态威胁。

因此,基于 GI 的新城区绿地网络化构建,应首先对区域内现有的绿地生态资源进行梳理,识别出具有生物多样性保护价值的斑块源,并在此基础上构建建设成本最小且能满足物种扩散需求的生态廊道,从而保证绿地生态空间的完整性和连通性,形成保护的网络体系。

4.3.2 弹性化的多层级绿地生态网络

确定优先保护的生态敏感性高的区域,并进行严格控制,同时允许其他地段做适当调整,提高生态保护框架的效率,形成"可辩护"的、可调整的生态框架。

因此,基于 GI 的新城绿地空间网络应在确保完整性的基础上,运用定量与定性相结合的方法综合考虑研究对象的有效性,对不同类型的自然资源进行价值等级的评估与划分,形成弹性化、可变动、多层级的生态网络体系。

4.3.3 综合效益的网络化绿地空间

考虑不同功能之间的兼容性,将多种功能在绿地网络框架下统筹规划,必将实现生物物种保护、文化遗产保护、休闲游憩、景观格局的安全性以及审美教育等多方面的共同效益。而不同功能之间相互作用,合理配置,更能激发各自的潜能,提高资源的利用价值。

4.4 基于绿色基础设施的新城绿地网络的构建原则

基于 GI 的城市绿地网络的构建要充分考虑自然资源与人文需求的有机统一,具体的构建原则主要包括以下四项。

1) 整体性原则

新城绿地网络构建要做好对城市和自然两者之间的有机统一,对于自然生态资源要合理保护,还要在整体上保护好被归为绿地网络构架的要素资源,使得外部的生态格局与城市内部的生态系统相互联系起来,在整体上达到一定的协调和统一。

因此,新城绿地的建构,必须要统筹好新城内部不同组成结构、城市内部建设与外部环境、老城与新城之间的发展,在整体上保护好生态环境,促进新城能够可持续发展。

2) 连通性原则

绿地网络空间的连续性是实现与绿地系统有关的人文过程、生物迁徙过程和环境过程等的重要依据,通过生态廊道和踏脚石来联系不同种类的斑块资源,促进绿地生态网络的完整性和稳定性。

因此,生态廊道的建立,使得新城绿地能够在城区内部引进城市外部的自然山水等环境。城区的内外景观相互渗透,城市绿地景观的多样性、连续性、生态性和可持续性原则便能得以更好地体现。

3)弹性的控制原则

绿地网络不单单只是作为一个被固定的保护框架,而是根据具体的功能价值将不同类型和等级的生态资源进行具体的针对性保护和管理,采用多层次的保护框架,使得绿地网络与城市内部不同系统的关系能够相互协调进而有机地统一起来。

新城正处于快速发展期,传统手段预测规划内容、规模和性质等已不合时宜。GI理论的弹性控制原则要求生态系统中的不同尺度、不同需求和不同阶段情况,需要针对性地进行及时的修复和反馈。通过采用一种动态的设计方式,使得新城的绿地系统规划具有动态的和灵活的特征,使新城的建设和保护、远期与近期的关系得以协调,促进可持续发展的产生,并且这种方法也能够让新城在快速发展过程中的阶段性需求得到满足。

4)复合功能原则

在保证生态环境得到保护和恢复的前提下,同时要注重其他的社会服务功能,比如塑造城市环境景观、保护历史文化古迹和营造游憩休闲空间等,突出新城的特色和优势,强化地方自然及文化景观特色,提供城市生活融入自然资源的必需条件,促使城市建设和自然保护的有机统一。

4.5 基于绿色基础设施的新城绿地空间网络构建的要素

4.5.1 不同空间尺度的资源要素

1)宏观尺度

研究宏观尺度涉及市域范围内大型集中连片的绿色开敞空间,这类自然生态资源是区域和城市重要的大型氧源和生态骨架,在整个城市生态系统中的主要功能是作为物种的重要栖息地,是维护生物多样性的基础,是区域和城市尺度生态安全的重要保障,范围包括自然湿地及人工湿地、自然保护区、水源保护区、农田、园地、林地、河流水域,另外还包括国家森林公园、风景名胜区、郊野公园、防护绿地、地质公园、自然灾害敏感区等在内的生态绿地空间。

2)中观尺度

中观尺度是在区域宏观研究视角的基础上进一步挖掘城市范围内部具有生态

价值的绿地空间,这部分自然资源通常是廊道连接或者踏脚石的重要组成要素,主要包括大面积的风景林地、防护林地、草地、果园、农业用地、沿河景观绿地、道路防护绿地以及大型人工绿化为主体的开敞空间(公园)等。

3)微观尺度

微观尺度要素主要包括社区绿地、广场、建筑周边环境等。

4.5.2 不同功能属性的资源要素

(1)生态保育以保护和复育为主要手段维持系统稳定性,确保物种栖息地的生态资源,主要包括自然保护区、风景林地、水源保护区、湿地等。

(2)防护隔离是以安全防护为主要功能的绿色隔离带,如道路两侧的绿化带、农田防护林等。

(3)农林生产中具有经济生产价值的绿化覆盖区域,如果园、经济林地、苗圃等。

(4)游憩利用以休闲游憩、景观美化、生态科普等人文价值实现为主要功能的风景名胜区、地质公园、野生动植物园、森林公园、农业观光园等。

4.5.3 不同空间形态的资源要素

(1)面状绿地——大面积覆盖的绿色空间,主要包括风景林地、湿地、生态农田等。

(2)线状绿地——以线性形态出现的沿道路、河流两侧的绿化隔离带或农田防护林等。

(3)点状绿地——独立出现的面积较小的绿地斑块,比如公园、较小面积的林地、果园、草地等。

4.5.4 不同网络构成的资源要素

完整的空间网络体系构建,主要包括以下几个方面的构建要素。

(1)源斑块或核心区 作为网络系统的中心、物种的重要栖息地,源斑块自身必须具有足够的稳定性,主要包括宏观尺度下以生态保育功能为主的大型面状绿地,涉及森林公园、郊野公园、自然保护区、大中型林地、湿地、果园等多种功能类型的自然资源。识别源斑块优先进行生态保护是构建绿地生态网络的首要环节。

(2)连接廊道 作为网络系统中的连接,物质能量流的通道,也是物种迁徙的重要路径,主要存在两种空间形式,直接连通的线性廊道和间接连通的踏脚石。通常包括园林地、基本农田保护控制区、河流水域、自然灾害敏感区、重大基础设施的防护隔离带、自然湿地及人工湿地等多种用地类型。合理的廊道路径选择及其生态恢复建设是绿地生态网络构建的关键环节。

（3）生态节点　一般位于物质能量流运行过程中的薄弱环节,辨识网络体系中的关键生态节点、加强保育或进行生态恢复,将有效地提高区域景观整体的连通程度,促进生态功能的健康循环,是绿地生态网络构建的必要环节。

4.6　基于绿色基础设施的新城绿地网络构建研究——连接廊道

连接廊道是指不同于相邻两侧景观基质的线性或带状景观要素,连接廊道对促进生态过程和物质流的流动,保障生态系统的健康和维持生物的多样性都起到关键的作用。连接廊道包括景观廊道、生物廊道和保护廊道。景观廊道指连接野生动植物保护区、公园、农田、历史文化遗迹等的景观节点;生物廊道指为野生生物提供通道作用的线性廊道,可提供一定的服务功能,促进两地间生物因素的运动,如河流和河岸缓冲区;保护廊道通过分离相邻的土地用途以及缓冲使用冲击的影响,保护自然景观,同时也维护当地的生态系统以及农场或牧场的土地类型,如农田保护区。

不同的功能对应的廊道宽度不同,从数十米到几十千米不等。一般来说,连接廊道的宽度在满足最小宽度的基础上越宽越好。随着宽度的增加会增强廊道内部环境的异质性,内部种会逐渐增加,而边缘种在增加到一定数量后趋于稳定。在连接廊道的功能中,生物多样性保护通常是首要考虑的功能,不同的生物迁徙对廊道的宽度要求也有较大的差别。因此,在选择连接廊道时,应根据目标物种的生物学属性选择合适的宽度,可参见表4-2。

表4-2　生物保护廊道适宜宽度

宽度/m	功能及特点
3～12	廊道宽度与草本植物和鸟类的物种多样性之间的相关性近于零;基本满足保护无脊椎动物种群的功能
12～30	对于草本植物和鸟类而言,12 m是区别线状和带状廊道的标准。12 m以上的廊道中,草本植物多样性平均为狭窄地带的2倍以上;12～30 m能够包含草本植物和鸟类多数的边缘种,但多样性较低,满足鸟类迁移;保护无脊椎动物种群;保护鱼类、小型哺乳动物
30～60	含有较多草本植物和鸟类边缘种,但多样性仍然很低;基本满足动植物迁移和传播以及生物多样性保护的功能;保护鱼类、小型哺乳动物、爬行动物和两栖类动物;30 m以上的湿地同样可以满足野生动物对生境的需求;截获从周围土地流向河流的50%以上的沉积物;控制氮、磷和养分的流失;为鱼类提供有机碎屑,为鱼类繁殖创造多样化的生境

宽度/m	功能及特点
60/80～100	对于草本植物和鸟类来说,具有较大的多样性和内部种;满足动植物迁移和传播以及生物多样性保护的功能;满足鸟类及小型生物迁移和生物保护功能的道路缓冲带宽度;许多乔木种群存活的最小廊道宽度
100～200	保护鸟类;保护生物多样性比较合适的宽度
≥600～1 200	能够创造自然的、物种丰富的景观结构;含有较多植物及鸟类内部种;通常森林边缘效应有 200～600 m,森林鸟类被捕食的边缘效应大约范围为600 m,窄于 1 200 m 的廊道不会有真正的内部生境;满足中等及大型哺乳动物迁移的宽度从数百米至几十千米不等

4.6.1　廊道空间的构建

在城市绿地网络中,生态廊道分为天然生态廊道和人工生态廊道,天然的生态廊道一般包括海岸线、河道、森林等,人工廊道主要包括一些人工防护林、道路附属绿地、带状公园以及滨水绿化带等。大部分的生态廊道不仅具有人文景观的特征,还包含着相当多的自然景观,它们都是具有多功能的景观结构。

1) 水体及水陆相连的空间

河道和溪流是最主要的城市绿地自然要素,水系与廊道相结合的优点在于以下三点。

第一,以城市中的溪流、河道沿线为依托建立的水域系统能够使其很自然地形成一条与外部相连接的蓝绿走廊,从而使绿地的渗透与连接作用发挥得淋漓尽致。

第二,河道及溪流与其他大型湖泊等类型的水域相比,线形特征更加明显,拥有极高的边缘-中心比率,更易与周边产生密切关联,具有十分强的导向作用,应将溪流和河流廊道在城市绿地基础设施规划中作为最主要的"连接"类型之一。

第三,河道与溪流能伸入城市内部,虽然在空间尺度上较小,但却也能够为人们提供更加亲切的自然氛围与体验。

当然,连接廊道的成功构建是以河道等水系为依托,首先就必须要保证整个水体的连通,当自身的连通性得到确立,那么城市滨水水面的长度就会大大增加;其次要时刻控制好滨水的空间用地规模,空间用地的控制是滨水绿地连接性形成的基础。

2) 与线形交通设施结合的绿地空间

所谓的线形交通设施,通常意义上来讲指的是在新城发展的过程中或者在城市道路建立的过程中建设的各种线路交通。西方新城发展壮大的实践过程中,最早形成的依靠交通来引导城市发展的理论就是带状城市理论。带状城市理论的提出对于新城的建设很有必要。

城市道路建设是城市建设中连接作用最强、普遍性最高和分布范围最广的城市建设要素,不仅涉及城市中的道路分布,还涉及城市中街旁的绿地和道路绿地建设以及带状公园建设,为绿地与其结合形成连接城市与自然的绿地结构提供了形态上的基础,所以依托于城市道路的绿地在连接与渗透层面具有先天的优势。因此,道路绿地可由附属绿地向公园绿地转变,这样就从本质上改变了原来的分隔与装饰作用,进而形成新的开放式线形公园模式,并承载着城市建设过程中绿色基础设施与市政基础设施相互连接的交通建设作用。

3) 绿道

绿道是指沿着自然或人工要素的线性开放空间,连接自然生态保护区、风景区、森林公园、历史文化资源以及大型游憩场所。绿道按照类型分为历史文化型绿道、城市型绿道、郊野型绿道和生态型绿道;按照级别又可分为微观层面即生态社区绿道、中观层面的城镇和乡村绿道以及宏观层面的城乡联系绿道。

(1) 宏观层面 区域联系绿道,或称为城乡联系绿道,是城市和区域及乡村等各生态社区相互联系的绿道。

(2) 中观层面 城市(城镇)、乡村内部绿道,是连接城市(城镇)和乡村的绿道,并且具有重要的功能连接结构,使得不同区域的绿色空间和各类节点更好地相互连接,引导形成合理的城乡空间格局并提供休闲游憩的绿道。

(3) 微观层面 能将社区公园、生态社区、分布式绿地等连接起来的、主要为社区居民服务的绿道。

4) 山谷绿廊

山谷绿廊在新城建设中并不多见,但是却因为其是由绿地和丘陵地形结合形成的特点,普遍存在于以山地丘陵地貌为基础的新城建设中,是一种常见的连接结构。在很多时候,山谷绿廊被认为是一种自然要素和绿地边界位置相互转换的连接结构。

4.6.2 廊道规划对新城绿地规划的作用与意义

1) 连接作用

线性的空间要素是绿色廊道的主要特征,其具有保证物种、营养和物质等传输的重要作用。绿色廊道能够成为一个整合的网络,其产生的基础就是在空间层面上的连接效益。绿色廊道具有多种功能特征,在进行绿色廊道规划时,其规划目标对于功能和空间的决定性作用尤其重要。

2) 缓冲作用

廊道可以改善斑块和廊道的景观要素中的各种生态流,维持更持久的景观功能水平,廊道还具有过滤功能和斑块边缘的缓冲区功能。缓冲区的作用和河流周围具有过滤和隔离作用的绿色廊道类似,通过控制好侵蚀、沉积、过滤和水温的调节,阻止周边景观过剩的水流,避免河流环境受到消极的影响,并保持内部种群的斑块免受外界干扰。其中,缓冲区的宽度是一个关键问题。

4.7　基于绿色基础设施的新城绿地网络构建研究——网络中心

4.7.1　网络中心空间组成

网络中心是由于受到环境异质性、自然干扰和人类活动等因素影响而形成的较少受外界干扰的自然生境。网络中心面积大、连续性好,是具有重要绿色基础设施服务功能的自然用地,为野生动植物、人类和生态过程提供源地或目的地,是动植物重要的栖息地,稳定地支持着自然生态的健康发展和地方物种的生存,其形态和尺度也随着层级不同而有所变化。

依据岛屿生物地理学理论,网络中心的物种数目与面积大小密切相关,网络中心的面积越大,物种数越多,灭绝速率越低;在保护生物多样性方面,一个大的网络中心优于几个小的总面积相等的同质网络中心;增加网络中心的数量可以提高交换和沟通的可能性,降低随机灭绝的概率;具有一定面积的网络中心的服务价值远远大于连接廊道,其作用不是若干小的斑块所能代替的。

网络中心包括自然保护区、风景名胜区、郊野公园、城市公园、农田、山林、水域、湿地等,是具有一定面积和较好生态性的绿色斑块,是多样、高效、有一定自我调节能力的完整系统。网络中心主要分为以下三种类型:

（1）生态型　主要指的是原本的自然生态空间,例如自然森林、自然荒野、自然水域、草原、山体和海洋等这样的能够保证生物多样性的生物栖息地。

（2）生产型　指的是能够为人类提供食物或者维护和保护城乡生态环境的空间,拥有可以生长花卉、水果、农产品等的绿色空间,例如牧场、农场、农田、田园、梯田和田野等都属于这一类型。

（3）文化娱乐运动休闲型　例如城市公园、郊野公园、区域公园、历史文化景区、国家公园和自然保护区等。

4.7.2　网络中心规划对新城绿地规划的作用与意义

1) 生态效益功能

网络中心作为一个生态系统为城乡提供多种服务,其基本单元构成中包括土壤、植被、水体、湿地、荒野、田园等,均是重要的野生动物栖息地。

2) 社会效益功能

网络中心系统架构的完善能全面改善城乡人居环境,提高人们的生活质量和身心健康,保障环境的质量,增加人们的幸福感和满足感。

3) 经济效益功能

网络中心规划建设的经济效益功能主要体现在自然系统的经济价值以及人文系统的经济价值上。

4.8 基于绿色基础设施的新城绿地网络规划研究——小型场地

小型场地是尺度小于网络中心的栖息地斑块,是网络中心或连接廊道无法连通的情况下,在连接廊道周围建立小型的缓冲场地,为动物迁移或人类休憩而设立的暂歇性生态节点和踏脚石,具有面积小而密度高的特点,能够补充连接廊道的部分作用,承担起人类休憩、野生动物迁徙等功能,并兼具生态和社会价值,是形成绿色基础设施网络格局的补充途径。

4.9 基于绿色基础设施的新城绿地的分类研究

4.9.1 绿地分类的意义

分类方法通常能够体现出分类对象的研究深度和有关项目的发展程度。对于新城绿地的分类的研究,能够充分地体现出新城建设时绿地所占据的作用和地位,这就使新城绿地在建设、规划和管理上具有非常重大的实际意义。

4.9.2 绿地分类的原则

1) 功能性原则

由于绿地空间属性的非限定性,同一块绿地可以兼具游憩、生态、景观、防灾等多种作用,因此,分类时应以其功能作为主要依据,力求准确命名,名实相符。

2) 协调性原则

目前我国已出台部分与绿地相关的法规和标准。这些法规和标准从不同的层面、不同的角度对某些种类的绿地做了准确的规定,指导着从城市总体规划到公园、道路绿化规划设计等各阶段的规划设计工作。新城绿地分类方面的标准,既要保证自洽性,又必须与已颁布的相关标准充分协调,这样才能够满足绿地规划设计和建设管理的需求。

3) 可比性原则

可比性体现在两个方面:一是与以往城市建设管理统计资料的纵向比较,这要求新城绿地分类有一定的延续性;二是与国外城市建设的横向比较,这需要参考、借鉴国外的相关经验方法,建立比较的基础。目前世界各国园林绿地分类方法和定额指标很不一致,难以互相比较。在与别国相比时,可采用相应的几项绿地指标来比较(根据绿地内容、可用单项或几项之和来比较),这样就能灵活运用。

4) 可操作性原则

在新城绿地的具体类、项的划分上采用适当的技术处理,保证实际工作时使用方便。

4.9.3 绿地分类的依据

我国现行的与绿地相关的法规和标准众多,绿地分类通常参考《城市绿地分类标准》(CJJ/T 85—2017)、《城市用地分类与规划建设用地标准》(GB 50137—2011)、《土地利用现状分类》(GB/T 21010—2017)和《城乡规划法》(2008)。

1)《城市绿地分类标准》(CJJ/T 85—2017)

《城市绿地分类标准》(CJJ/T85—2017)在2018年6月1日正式予以实施,其内容主要是把城市绿地分为5个大类,15个中类,11个小类,5个大类分别为公园绿地、防护绿地、广场用地、附属绿地和区域绿地。这种分类方式明确地界定了城市绿地的类型,在开展城市绿地的统计、科研、规划设计和实施及后期管理的时候能有具体的依据,详见表4-3。

表4-3 城市绿地分类标准(CJJ/T 85—2017)

类别代码	类别名称	内容与范围	具体分类	备注
G1	公园绿地	向公众开放,以游憩为主要功能,兼具生态、景观、文教和应急避险等功能,有一定游憩和服务设施的绿地	G11 综合公园:内容丰富,适合开展各类户外活动,具有完善的游憩和配套管理服务设施的绿地; G12 社区公园:用地独立,具有基本的游憩和服务设施,主要为一定社区范围内居民就近开展日常休闲活动服务的绿地; G13 专类公园:具有特定内容或形式,有相应的游憩和服务设施的绿地; G14 游园:除以上各种公园绿地外,用地独立,规模较小或形状多样,方便居民就近进入,具有一定游憩功能的绿地	—

类别代码	类别名称	内容与范围	具体分类	备注
G2	防护绿地	用地独立,具有卫生、隔离、安全、生态防护功能,游人不宜进入的绿地。主要包括卫生隔离防护绿地,道路及铁路防护绿地、高压走廊防护绿地、公用设施防护绿地等	—	—
G3	广场用地	以游憩、纪念、集会和避险等功能为主的城市公共活动场地	—	绿化占地比例宜大于或等于35%;绿化占地比例大于或等于65%的广场用地计入公园绿地
XG	附属绿地	附属于各类城市建设用地(除"绿地与广场用地")的绿化用地,包括居住用地、公共管理与公共服务设施用地、商业服务业设施用地、工业用地、物流仓储用地、道路与交通设施用地、公用设施用地等用地中的绿地	RG 居住用地附属绿地:居住用地内的配建绿地; AG 公共管理与公共服务设施用地附属绿地:公共管理与公共服务设施用地内的绿地; BG 商业服务业设施用地附属绿地:商业服务业设施用地内的绿地; MG 工业用地附属绿地:工业用地内的绿地; WG 物流仓储用地附属绿地:物流仓储用地内的绿地; SG 道路与交通设施用地附属绿地:道路与交通设施用地内的绿地; UG 公用设施用地附属绿地:公用设施用地内的绿地	不再重复参与城市建设用地平衡

续表

类别代码	类别名称	内容与范围	具体分类	备注
EG	区域绿地	位于城市建设用地之外,具有城乡生态环境及自然资源和文化资源保护、游憩健身、安全防护隔离、物种保护、园林苗木生产等功能的绿地	EG1 风景游憩绿地:自然环境良好,向公众开放,以休闲游憩、旅游观光、娱乐健身、科学考察等为主要功能,具备游憩和服务设施的绿地; EG2 生态保育绿地:为保障城乡生态安全,改善景观质量而进行保护、恢复和资源培育的绿色空间,主要包括自然保护区、水源保护区、湿地保护区、公益林、水体防护林、生态修复地、生物物种栖息地等各类以生态保育功能为主的绿地; EG3 区域设施防护绿地:区域交通设施、区域公用设施等周边具有安全、防护、卫生、隔离作用的绿地,主要包括各级公路、铁路、输变电设施、环卫设施等周边的防护隔离绿化用地; EG4 生产绿地:为城乡绿化美化生产、培育、引种试验各类苗木、花草、种子的苗圃、花圃、草圃等圃地	不参与建设用地汇总,不包括耕地

2)《城市用地分类及规划建设用地标准》(GB 50137—2011)

《城市用地分类及规划建设用地标准》(GB 50137—2011)(以下简称《标准》)中的绿地与广场用地(G)又分为公园绿地(G1)、防护绿地(G2)和广场用地(G3),除此之外,与绿地相关的还涉及《标准》中的城市建设用地(H11)、其他建设用地(H9)、农林用地(E2)及住宅用地(R31)等。

3)《土地利用现状分类》(GB/T 21010—2017)

我国实行的土地分类较为复杂,并且实施的标准和含义也不尽相同,这就对土地统计和调查工作由于分类方式不同而造成较大的困难和麻烦。

2017 年 11 月 1 日,由国土资源部组织修订的国家标准《土地利用现状分类》(GB/T 21010—2017),经国家质量监督检验检疫总局、国家标准化管理委员会批准发布并实施。新版标准秉持满足生态用地保护需求、明确新兴产业用地类型、兼顾监管部门管理需求的思路,完善了地类含义,细化了二级分类划分,调整了地类名称,增加了湿地归类,将 2007 版《土地利用现状分类》的 12 个一级分类和 57 个二级分类细化为耕地、园地、林地、草地、商服用地、工矿仓储用地、住宅用地、公共管理与公共服务用地、特殊用地、交通运输用地、水域及水利设施用地、其他用地等

12 个一级分类和 72 个二级分类。

城乡绿地系统依据该分类方法,可以很有效地对规划的区域进行细分;与该法律进行有效衔接,可促使多层次绿地分类体系的建立,保证城乡绿地建设协调发展。

4)《城乡规划法》(2008)

绿地分类调整的必要性在 2008 年颁布的《城乡规划法》中也有体现,在该法中倡导城乡统筹的发展理念,即城市带动乡村、乡村促进城市的相互促进发展格局。这样的发展理念使得乡村的发展也被纳入绿地规划的内容中,绿地的分类也将有所调整。除此之外,分类标准的适用范围也必然将会有所提高,根据不同的区域如乡村、城镇和市域的不同类型进行不同的适应性绿地分类,保证绿地系统的稳健发展。

4.9.4 新旧《城市绿地分类标准》的比较与探讨

《城市绿地分类标准》(CJJ/T 85—2002)中将绿地分为公园绿地、生产绿地、防护绿地、附属绿地及其他绿地,共 5 大类、13 中类、11 小类,提出"其他绿地"(G5)的范畴。由于对"其他绿地"概念理解、运用得不够透彻,目前"其他绿地"的规划还远不如另外 4 类绿地规划进行得细致与翔实。而"其他绿地"(G5)正是对我国城市"构筑良好的生态环境、进行可持续发展"起到重要作用的绿地类型,正确理解其概念的外延与内涵,是做好整个市域绿地系统规划的前提。因此,对"其他绿地"进行深入的研究是非常重要和必要的。

"其他绿地"是散布在土地利用分类中的林地、草地、园地、耕地、水域以及未利用地等地类,归口管理、土地权属、利用状况极其复杂。但是此分类标准未能从城乡统筹角度对城区外围绿地进行分类和界定,对市域范围内的绿地仅仅简单统一划入 G5 类,没有中类和小类的细分,且范围指定不甚明确,未形成生态的广域系统分类体系。这就造成在实际工作中没有统一标准,编制单位之间以及相关科研方面都各自为政,不利于学科间的交流与发展。

"其他绿地"从概念到类别的细分上都是模糊不清的,而且各地在实际工作中对待"其他绿地"从规划设计、用地属性、统计口径到监管体制等均表现出不同层面、不同方面的问题。

近年来,很多专家学者对"其他绿地"做了深入研究与探讨,南京林业大学王浩和江西农业大学刘纯青分别于 2009 年和 2012 年发表文章,专门对"其他绿地"进行了解读探讨。首先,厘清了绿地的相关概念和相互关系,详见图 4-1,确定了其在绿地规划系统中的重要作用。其他绿地是唯一起着衔接市域绿地与城市建设用地内绿地作用的类型,在构建城乡一体化的绿地系统方面具有极为重要的作用。

"其他绿地"是城市规划区范围内的绿地,它包含在"城市绿地"内,它是连接"市区绿地"与"市域绿地"的纽带,以"市区绿地"为中心向"市域绿地"辐射拓展。它"不参与城市建设用地平衡",但"它的统计范围应与城市总体规划用地范围一致","其他绿地"规划必须同整个城市,当然也包括所辖乡村的绿地统筹考虑,并与城市建设用地的绿化共同构成完整的绿地系统。其次,针对《城市园林绿化评价标准》(GB/T 50563—2010)中对"其他绿地"的规划在定位、定质和定量三个方面提出要求,必须从宏观、中观和微观三个层面,探讨"其他绿地"规划编制中所面临的问题,诸如分类、指标和评价标准等。

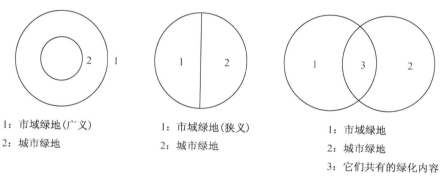

1: 市域绿地(广义)
2: 城市绿地

1: 市域绿地(狭义)
2: 城市绿地

1: 市域绿地
2: 城市绿地
3: 它们共有的绿化内容

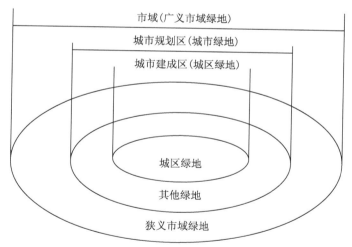

图 4-1　绿地关系示意图

来源:刘纯青,王浩.再探城市绿地系统规划中"其他绿地"的规划[J].中国园林,2012(5):51-53.

　　研究指出"其他绿地"的规划布局有"承上启下"的作用,上"承"市域绿地,下"启"建设用地范围内各类城市绿地。宏观上可以通过构建三大系统,即生态环境保护系统、城乡多元功能绿地系统和科学适宜的绿色网络体系,以体现"其他绿地"

的重要价值;再次强调了加强"其他绿地"规划与城市总体规划和市域绿地系统规划的联系;加强"其他绿地"的网络规划和廊道建设;加强对"其他绿地"分类的细化研究,避免不同的规划编制单位在具体操作中各行其是,做出不同的分类体系,使"其他绿地"的规划、建设和管理能够迈向规范化。

还有一些学者也尝试对"其他绿地"的分类进行相关研究和探讨,王璋的3级分类法中,将"其他绿地"分为远郊风景区绿地、城市绿化环区绿地和城市园林绿地三种类型。远郊风景区绿地主要分为供游憩的草原、人工和天然林、供游憩的自然保护区、风景区和远郊公园。城市绿化环区绿地则分为草原、人工及天然林、果园、庭院绿化、防护绿地、自然保护区、风景区和公园。

李敏的5类法中将生态绿地分为五类:①水域绿地包含河湖塘渠、净化涵养绿地和城镇水源地;②各类专用绿地、防护林地等环保绿地;③包含风景名胜区、观光绿地、娱乐、运动、公园等的游憩绿地;④包含森林公园、林场和人工林区等在内的林业绿地;⑤包含农作物种植、花木场圃、鱼塘、畜牧草场、果茶桑园等在内的农业绿地。

吴人韦研究认为,"其他绿地"分为城市周边景观生态保护绿地、城市周围经济林地、城市周边防护林地等。

规划实践方面,刘宇在上海嘉定新城的规划中,首次将林地划分为嘉定绿地中的一部分,在嘉定的大型城市绿地发展中为了保证绿地的健康发展采用了弹性的控制手段;许大为、高影通过规划景观型、游憩型和生态型三种类型系统,在对北京密云新城规划的时候综合性地将绿地进行分类整合。

由于新城在建设的过程中关于归属部门、用地类型等各种规划很多,造成绿地的分类需要考虑的问题也很多。应该在新城绿地管理、保护、建设和规划的目的得到满足的前提下,根据各类绿地的功能不同,分为生态恢复绿地、防护绿地、文化与自然绿地、风景游憩绿地、生产绿地、道路绿地、公园绿地和生态保护绿地等。

当然,新城绿地分类研究必须从其自身状况出发,依据绿地不同的复杂性和特殊性并借鉴相关的绿地分类方法,在规划中考虑好土地分类体系的衔接。

2002年颁布的原标准作为城市绿地系统规划编制与管理工作的一项重要技术标准施行了14年,在统一绿地分类和计算口径,规范城市绿地系统规划的编制和审批,加强园林绿化部门和城市规划部门的衔接沟通,提高城市绿地建设管理水平等方面发挥了积极的作用。但随着近年来全国各地城乡绿地规划建设和管理需求的不断升级与变化,以及《城市用地分类与规划建设用地标准》(GB 50137—2011)颁布实施带来的用地分类方面的调整,使原标准在现实需求和与相关标准衔接方面仍有进一步调整完善的必要。为适应我国城乡发展宏观背景的变化和满足绿地规划建设的需求,需要对原标准部分内容进行修订和补充。

2014 年,根据住房和城乡建设部《2013 年工程建设标准规范制订、修订计划》的要求,2002 版《城市绿地分类标准》(CJJ/T 85—2002)于 2014 年启动修订工作,历时 3 年完成,新《城市绿地分类标准》(CJJ/T 85—2017)于 2018 年 6 月 1 日正式实施。

在城乡统筹规划建设工作中,城市建设用地之外的绿地对改善城乡生态环境、缓减城市病、约束城市无序增长、满足市民多样化的休闲需求等方面发挥着越来越重要的作用。因此,从城市发展与环境建设互动关系的角度,对绿地的广义理解,有利于建立科学的城乡统筹绿地系统。

传统意义上的绿地、局限在城区内的绿地、以部门主管工作范围划定的绿地,已无法完全充分地承担起绿色生态建设之重任。基于自然山水资源、实现区域全覆盖的"绿地"概念的建立迫在眉睫,这是大势所趋,也是风景园林行业为建设"美丽中国"应担负的责任。因此,基于绿色生态空间来认识绿地并加以分类,在宏观层面为构建维护区域生态安全格局的绿地系统提供依据,在中微观层面为具有不同功能的各类绿地的规划建设提供支撑,是新标准的基本使命。

新《城市绿地分类标准》(CJJ/T 85—2017)提出绿地分类包括城市建设用地范围内的绿地和城市建设用地之外的区域绿地两部分。区域绿地又细分为 4 个中类和 5 个小类。新《城市绿地分类标准》(CJJ/T 85—2017)中的区域绿地是对原《城市绿地分类标准》(CJJ/T 85—2002)的"其他绿地"的重新命名和细分,主要目的是适应中国城镇化发展由"城市"向"城乡一体化"的转变。新标准要求加强对城镇周边和外围生态环境的保护与控制,健全城乡生态景观格局;综合统筹利用城乡生态游憩资源,推进生态宜居城市建设;衔接城乡绿地规划建设管理实践,促进城乡生态资源统一管理。如此,既可满足绿地规划、设计、建设、管理、统计等多方面、多层次的工作需求,也可保证城乡用地统计口径的一致性。

5 南京市绿地空间网络化发展战略

5.1 地理概况

南京是江苏省省会,位于江苏省西南部,是国家区域中心城市,长三角向外辐射并带动中西部地区发展的国家重要门户城市。其位置坐标为北纬 31°14′ 至 32°37′,东经 118°22′ 至 119°14′,市域面积 6 582 km²(不含水域)。

南京是以低山丘陵、岗地和平原、洲地交错分布组成的地貌综合体,以低山、丘陵为骨架,环状山、条带山、箕状盆地是其地形的主要特色。其中低山占全域面积的 3.5%,丘陵占全域面积的 4.3%,岗地占全域面积的 53%,平原、洼地及河流湖泊占全域面积的 39.2%。地貌类型的多样化,决定了城市土地利用方式的多样性和多宜性。全域森林覆盖率为 22%;全域江河湖塘水网交织,水域面积达到全域面积的 11% 以上。

山水城林融为一体、江河湖泉相得益彰是南京的城市风貌特色,长江穿城而过,沿江岸线总长近 200 km。市域呈正南北向,南北长、东西窄;南北直线距离约 150 km,中部东西宽 50~70 km,南北两端东西宽约 30 km。

亚热带季风气候给南京城带来充沛的雨量,年降水达 1 200 mm,四季分明,冬季以东北风为主,夏季以东风和东南风为主,春季以东南和东风为主,秋季以东北风为主。由于山丘、河湖兼备,气候温和,因此,动植物资源丰富、种类繁多,是长江下游地区野生动植物资源的典型代表。

2015 年 5 月 22 日,南京市林业局、环保局等部门联合发布了对南京市生物多样性保护现状的调查结果。数据显示,全市境内现有管束植物 175 科,630 属,共 1 400 余种,有苦槠、紫楠、红果榆等大量珍稀树种和珍贵地方特有树种,有以梅花、雪松为代表的多种花卉、观赏树木和丰富的竹类资源。此外,野生山林植物资源十分丰富,现有野生药用植物 790 种,有白茅、益母草等;野生纤维植物 90 余种,有柳树、化香等;野生淀粉植物 40 余种,有栓皮栎、短柄枹等;野生油脂植物 90 种左右,有山胡椒、播娘蒿等;野生芳香油植物 40 余种,有石竹、薄荷等;鞣料植物 50 多种,有茅栗、龙牙草等;野生保健饮料食品植物 20 种以上,有野山楂、金樱子等。南京市野生植物种类中,中药资源种类较为丰富,有 736 种,占全省中药植物资源的 52%。

　　野生动物也十分丰富,南京市共发现昆虫 795 种,鱼类 99 种,陆栖野生脊椎动物 327 种,鸟类 243 种,兽类 47 种。在所有动物种类中,国家一级保护野生动物 9 种,二级野生保护动物 65 种,江苏省重点保护动物 125 种,濒危动物 35 种。栖息、繁衍的国家级保护动物有中华鲟、白鳍豚、扬子鳄、河鹿、江豚、鸳鸯、长耳鸮、短耳鸮等。

5.2　南京市城市总体概况

　　2009 年,在最新修编的《南京市城市总体规划(2011—2030)》中提出南京都市区的概念。都市区包括城区、近郊区和六合区大部分,以及溧水柘塘地区,总面积约 4 738 km²,由主城、3 个副城(东山、仙林、江北)和 7 个新城(雄州、龙潭、桥林、板桥、滨江、汤山、禄口)组成,见图 5-1。

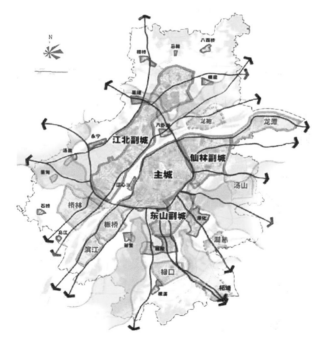

图 5-1　南京都市区空间布局结构图

来源:《南京市城市总体规划 2011—2030》

　　"一带五轴"都市区包括:主城;东山、仙林、江北 3 个副城;龙潭、汤山、禄口、板桥、滨江、桥林 6 个新城;淳化、湖熟、秣陵、横溪、谷里、乌江、石桥、星甸、汤泉、永宁、葛塘、程桥、马鞍、八百桥、横梁、龙袍、八卦洲、江心洲、柘塘等 19 个新市镇,见图 5-2。

图 5-2　都市区中心体系规划示意图

来源:《南京市城市总体规划(2011—2030)》

　　"一带"指江北,"五轴"是江南以主城为核心形成的五个放射性组团式城镇发展轴:① 沿江东部城镇发展轴:由仙林副城和龙潭新城构成;② 沪宁城镇发展轴:由仙林副城和汤山副城构成;③ 宁杭城镇发展轴:由东山副城、预留湖熟新城和淳化新市镇构成;④ 宁高城镇发展轴:由东山副城、秣陵和柘塘新市镇及禄口新城构成;⑤ 宁芜城镇发展轴:由板桥新城、滨江新城构成。

　　市域内构建"两带一轴"的城镇空间布局结构,其中两带为拥江发展的江南城镇发展带和江北城镇发展带;一轴是指沿宁连、宁高综合交通走廊形成的南北向城镇发展轴,然后在其基础上,形成"中心城—新城—新市镇"的市域城镇体系,最后形成主城、3 个副城、8 个新城、34 个新城镇以及未来约 2 000 个村庄的城市布局。

　　南京中心城区的范围将向南部扩大,并将仙林、江北地区纳入,包括原规划的东山、仙林、浦口新市区及雄州地区,建设用地面积约 700 km²。以中心城为主体,连同周边新城,共同构成南京未来高度城市化地区——都市区。

2030 年,在南京 6 597 km² 的土地上,人口将达 1 260 万;2030 年,长江两岸、秦淮河边的南京,将是一座崭新的超大型城市。

5.3   南京市生态红线区域保护规划

生态红线具有重要战略意义,是指为了维护国家和区域生态安全及经济社会可持续发展而必须实行严格管理和维护的国土空间的边界线。合理划定生态红线区域,构建与优化国土生态安全格局,对于有效加强生态环境保护与监管、保障生态安全、促进经济社会的协调可持续发展具有极为重要的历史意义和现实意义。

江苏省重要生态功能保护区区域规划优化调整工作于 2012 年全面启动,2013 年 8 月正式颁布《江苏省生态红线区域保护规划》,划定了生态红线保护区域,面积占全省国土面积的 22.23%,为全省生态保护、自然资源开发和产业合理布局提供了科学的框架。

为继续落实和细化《江苏省生态红线区域保护规划》,优化区域生态功能,构建生态安全格局,推动南京社会经济和资源环境可持续发展,南京市于 2013 年 9 月编制《南京市生态红线区域保护规划》(以下简称《规划》),见图 5-3、图 5-4 所示。

图 5-3   南京市区域生态规划总图

来源:《南京市生态红线区域保护规划》

《规划》坚持以科学发展观为指导,全面分析和把握南京自然生态本底和特点,明确了生态红线区域规划的指导思想、基本原则、分类标准、责任主体和监管体制。在《江苏省生态红线区域保护规划》的基础上,划分出 12 种生态红线区域类型,囊括了自然保护区、风景名胜区、森林公园、地质遗迹保护区、湿地公园、饮用水水源保护区、洪水调蓄区、重要水源涵养区、重要渔业水域、重要湿地、清水通道维护区、生态公益林,尤为重要的是,根据南京市自然地理特征和生态保护需求,提出了第 13 类生态红线区域类型——"生态绿地"。

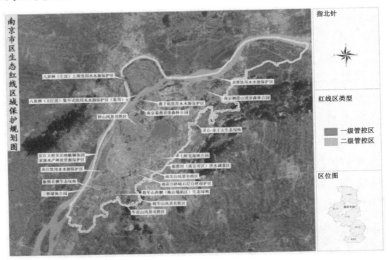

图 5-4　南京市区生态红线区域保护规划示意图

来源:《南京市生态红线区域保护规划》

　　《规划》按照突出"优先性、功能性、协调性和可行性"的原则,划定了 104 块生态红线区域,总面积 1 630.04 km²,占全市国土面积的 24.75%。其中,一级管控区面积 341.09 km²,占全市国土面积的 5.18%;二级管控区面积 1 288.95 km²,占全市国土面积的 19.57%。

5.4　南京市绿地系统现状

　　近年来,南京的城市绿地建设稳步推进,城市自然生态环境得到了保护提升,市域"廊道—基质—斑块"的生态结构明晰,城市网架水体保护完好,流经城市内部的水体依照景观生态学、城市生态学原则,建设了较高标准的滨水绿化、岸线保护。2012 年南京市建成区的绿化覆盖率达 44.02%,绿地率为 39.74%,人均公共绿地面积达到 13.94 m²,森林覆盖率达 26%,在国内同类城市中处于较好水平。

5.4.1 市域绿地布局分析

市域绿地的构建以"斑块—廊道—基质"的景观生态学原理为基础,以市域绿地资源现状的调查分析结果为依据,确立构建景观生态安全格局的主要途径,合理进行南京市域绿地系统布局。其中以农田为基质,强化农田林网建设,保护现有农田林网,提高农田林网绿化率,重点规划"一区八园"农业科研教育培训示范区、蔬菜园艺科技园、现代畜牧科技园、水产生态科技园、花卉园艺科技园、现代苗木科技园、丘陵山区综合开发科技园、生态农业科技园、休旅农庄科技园。以自然保护区、风景(名胜)区、森林公园、地质公园、湿地公园、饮用水源保护区和涵养区等生态功能区以及重要生态林地和水库为生态斑块,并通过沿市域交通、市政基础设施规划线路的大型交通走廊"绿带"及水系两侧的滨水带状绿地的"蓝带"为廊道进行斑块间的串联,形成市域大生态环境的格局。

现状市域绿地中,老山、紫金山、青龙山、牛首-祖堂山等生态林地及固城湖、石臼湖、金牛湖等水库周边的生态斑块及功能区得到了较好的保护。继续推进大厂生态防护林,每年增加约 1.33 km² 的建设面积。继续推进秦淮新河风光带,沿河西南部、江心洲生态科技岛和龙潭新城等长江及洲岛岸线生态景观林建设。完善沿绕城公路两侧防护绿带建设,重点实施南部新城、尧化段的防护绿带建设;建设沿玄武大道、宁镇、沪宁、宁洛、宁马和宁巢公路两侧绿带。将不同的生态片区衔接组成全市生态网架,建成城市通风进气、生物迁徙的主要通道,改善城市建设区生态环境。重点展开新港—炼油厂、仙林—炼油厂和大厂—浦口片区的污染防护与隔离绿地建设;着力主城—板桥组团隔离绿地建设,成片造林 9 万亩(1 亩≈666.7 m²),虽然建设持续推进,但从现状可以看出,隔离廊道的建设依然较为滞后。

考虑到生态效应以及其生态、隔离防护、生产方面的功能,将市域范围内的绿地分为山林绿地、滨水绿地、城镇隔离绿地、交通防护绿地、生产绿地五类。

1) 山林绿地

生态绿斑的山林绿地主要包含郊野公园、地质遗址公园、森林公园、风景名胜区、自然保护区等。应尽量减少对植被的破坏,现有自然林地应给予严格保护,项目建设应先进行整体规划,并按法定程序报申请批准后方可实施。

(1) 严格保护现有林地,全市 40 m 等高线以上地区基本为自然林覆盖,应加强保护、抚育;根据林木保护和景观要求,局部进行林木结构优化调整,更新为生态高质林,增加风景林比重。

(2) 加强荒山造林和露采矿坑复绿工作,荒山荒地全面造林绿化,采石宕口有计划地复绿。

(3) 依据《风景名胜区条例》对省级以上的风景名胜区进行建设和控制,其他范围的风景区则参考《风景名胜区条例》的内容进行建设和控制,按照《森林公园总体设计规范》和《森林公园管理办法》的要求对森林公园进行建设和控制。

(4)一般林地内的自然山林应保持自然状态,要在保证林木覆盖率达到 80% 以上的前提下,允许少量的配套设施建设,但建设用地应控制在总用地的 20% 以内,并应分散组团布局。

2)滨水绿地

滨水绿地是指滨水区域内的线性及其他环带形态的邻水绿地,主要包括水库周边绿地、滨河绿地和滨江绿地、湿地公园等。

(1)水库周边绿地 对作为水源地的水库和部分重要水库的保护区和水源涵养区,在其周边规划宽度为 100 m 以上的林带。

(2)滨河绿地 沿秦淮河、滁河两岸各控制 100 m 的林带,总长约 274 km,总面积约 66 km²。

(3)滨江绿地 沿长江岸线,除规划保留的港口、码头、工业用地外,生活岸线和未开发地区规划至少保持 200 m 的林带,重要节点地区拓宽建设为滨江公园,总面积约 53 km²。按照《南京市城镇供水资源管理暂行办法》和《江苏省长江水污染防治条例》对饮用水源的保护区进行管控,设立一级保护区为以取水口为中心半径的 800 m 的范围内,二级保护区为取水口上游 2 km、下游 1 km 范围内。保护区内的陆域要加强防护林建设,禁止任何对水体有污染的项目建设。

滨水绿地应建设集防护、观赏、游憩、经济为一体的高标准防护绿带,增强防护功能,加强水土保持,改善滨水地区生态环境。其余滨水绿地林带内严格限制开发活动,允许市政设施、公园绿地和旅游设施的建设,但开发量应受到严格控制。

(4)湿地公园 严格保护湿地,注重湿地环境营造,结合水生植物的栽植,优化湿地生态环境,限制开发活动,鼓励湿地公园建设。其中规划为湿地公园的地区,应参照《城市湿地公园设计导则》进行规划设计和建设,按照《国家城市湿地公园管理办法(试行)》要求全面保护,合理利用。

3)交通防护绿地

交通防护绿地主要指高速公路、快速路、干线公路和铁路两侧的防护绿地。规划绕城公路两侧各控制 100 m 绿带;沿绕越公路两侧各控制 100~300 m 的绿带;沪宁、沿江、联三、宁杭、宁高、宁芜、宁巢、宁合、宁蚌、宁淮、宁连、宁通高速公路以及 312 国道、沪宁二通道等 18 条放射性公路两侧各控制 50~100 m 的绿带,铁路两侧防护绿地宽度不小于 30 m,有条件的地区可以控制为 50 m。在通过城市建设路段,其防护林应为较宽的高郁闭度防护林。

交通防护绿地内,为防止交通带来的空气和噪声污染,应以林地建设为主,除允许安排市政走廊和小型市政设施外,禁止其他无关的开发活动。作为重要的城市门户,上述道路的防护绿地建设应重视绿带植物配置和景观效果。

4）城镇隔离绿地

城镇隔离绿地包括卫生防护隔离绿地及城镇组团隔离绿地。卫生防护隔离绿地内,以林地建设为主,除市政设施以外,严格控制无关的开发活动;应选用抗污染性强,能净化空气、保护环境的树种。城镇组团隔离绿地内,为保证城区有序发展,以林地建设为主,严格控制无关的开发活动,允许市政设施、公园绿地和旅游度假项目的建设。城镇隔离绿地鼓励将植林和项目开发相结合,但是在后续的建设中,林木的覆盖率必须保证大于80%,而开发用地则应占总用地的20%以下。

5.4.2 现状市域绿地存在的问题

（1）市域绿地系统性不强 虽然市域范围内大型生态斑块保护得较好,但部分串联斑块的绿色廊道建设存在断点,尚不能形成连贯的廊道体系。

（2）隔离绿地建设滞后 组团间隔离绿地与污染防护绿地建设相对缓慢。

（3）主城绿地均好性较差,提升难度较大 主城内可建设用地局促,拆迁压力大,导致老城添绿的难度日趋增大。

（4）新旧公园设施品质差距较大 新区公园建设较为完善,但老区公园设施陈旧,不利于人居环境品质的提升,有待进一步整治升级。

（5）绿地建设控制有待加强 现状存在绿色空间遭受挤压,绿地功能被置换的情况时有发生,应通过加强绿地建设管控,实现绿地的科学管理。

5.5 南京市绿地系统规划(2013—2020)

5.5.1 规划思想、范围及目标

1）规划思想

南京市绿地系统规划将历史人文优势和自然山水融合为一体,构成林、城、水、山相互融合的格局,以生态学原理和可持续发展理论作为指导,具有特色鲜明、景观优美、生物多样、层次丰富、布局合理的特点。

2）规划范围

市域——南京市行政辖区范围,总面积6 597 km²。重点建立体现南京自然山水资源特色、彰显南京都市区布局结构的市域绿地系统结构,保护各类生态绿地。

中心城区——由主城和东山、仙林、江北3个副城组成,总面积约834 km²。重点建立体现南京自然人文特色的城市绿地系统,合理布局各类城市绿地。

3）规划目标

规划总目标　全面把握生态建设的总体要求,突出南京市园林绿化的特色和文化内涵,建立良好的区域生态环境和优美的城市绿化景观,形成城郊结合、城乡一体的大绿地系统,努力将南京建设成经济生态高效、环境生态优美、社会生态文明、自然生态与人类文明和谐统一的现代化国际性人文绿都。

（1）阶段目标

①2013—2015年:加强滨水绿地和交通绿廊建设,基本形成南京市域生态绿地网架;注重新区的公园绿地建设,增加社区公园和街头绿地控制范围线（即绿线）并实施严格保护,稳步提高绿地建设水平。

②2016—2020年:继续加强生态绿地保护与建设,提高城镇绿化建设水平,基本形成与区域生态系统相协调,有机地融合南京拥江发展、轴向组团、多心开敞的现代都市新格局,详见图5-5、图5-6建成体现南京的特色,系统布局具有较为合理和稳定的生态功能,绿地功能多元协调的城乡一体的高品质绿地系统。

图5-5　南京中心城区绿地系统规划示意图

来源:《南京市绿地系统规划(2013—2020)》

（2）规划指标

至 2015 年——中心城区绿化覆盖率达 44.71%，绿地率达 40.10%，人均公园绿地面积达 14.56 m²，市域森林覆盖率达 26%。

至 2020 年——中心城区绿化覆盖率达 46.27%，绿地率达 41.97%，人均公园绿地面积达 16.91 m²，市域森林覆盖率达 28%。

南京中心城区绿地系统规划成果如图 5-5、图 5-6 所示。

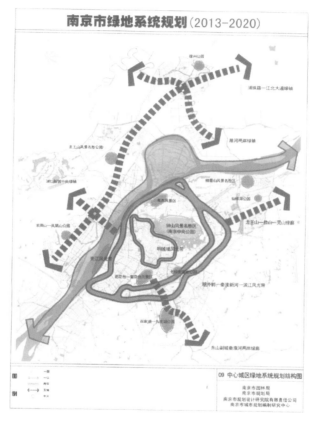

图 5-6　南京中心城区绿地系统规划结构示意图

来源:《南京市绿地系统规划(2013—2020)》

5.5.2　市域绿地系统规划

1）规划理念

（1）突出生态性　以景观生态学基质-斑块-廊道原理为理论基础,构建市域生态安全景观格局,从而进行南京市域绿地布局(图 5-7)。

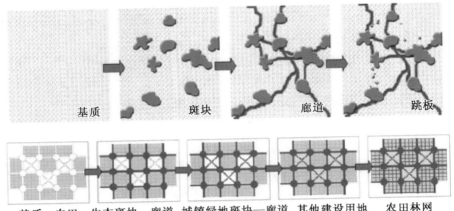

基质　　　　　斑块　　　　　廊道　　　　　跳板

基质—农田　　生态斑块—廊道　城镇绿地斑块—廊道　其他建设用地　　农田林网

图 5-7　基质-斑块-廊道景观格局

来源:《南京市绿地系统规划(2013—2020)》

（2）彰显特色性　依托市域道路交通系统网架,结合城市空间特色认知路径、历史文化景观网络等构建展示南京市域绿地系统特色的快速和慢行景观网络。

（3）增强功能性　建设市域生态休闲绿道将自然山水、历史人文资源进行整合并连接,将体育健身、休闲旅游等活动适度引入市域绿地内,增强市域绿地的服务功能(图 5-8)。

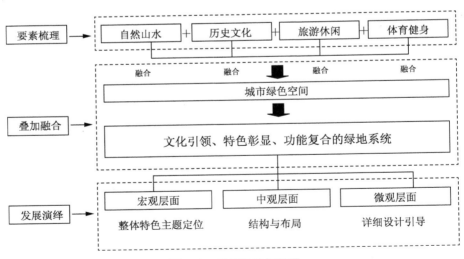

图 5-8　规划思路框架图

来源:《南京市绿地系统规划(2013—2020)》

2）规划思路

因地制宜——充分结合地形地貌条件、依据等高线、坡度及起伏度的数据分析，将孤立、分散的绿地资源进行连接。原则上以 30 m 等高线连接分散的绿地，坡度＞6°的宜林地原则上应植林。

整合连接——在现状自然山林水系和公园体系的基础上，继续通过建立和整合各类风景区、森林公园、地质景观公园、湿地景观公园等资源，形成与区域生态系统相连接的绿地系统。

用地协调——保证基本农田、生态保护用地、重要水域与湿地、城市建设用地的规模。建设用地、农田、水域和林地的比例大致控制在 1∶2∶3，必要时进行平衡与协调。

3）系统结构

结合水系格局、山林格局、交通格局、城镇格局、古都格局、绿道格局等，形成"一江两河""四环六楔""九道十八射"的市域绿地系统结构，见图 5-9、图 5-10。

图 5-9　南京市域绿地系统规划示意图

来源：《南京市绿地系统规划（2013—2020）》

图 5-10　南京市域绿地系统规划结构图

来源:《南京市绿地系统规划(2013—2020)》

（1）"一江两河"展锦带　"一江"指长江,"两河"指秦淮河、滁河。将"一江两河"沿岸绿地建设成蓝绿辉映的生态锦带。

（2）"四环六楔"显格局　"四环"指由城墙风光带、明外郭—秦淮新河百里风光带以及绕城公路、绕越公路交通沿线绿地形成的四个绿色环带,"六楔"是指老山—亭子山—长江、六合方山—灵岩山—八卦洲、滁河湿地—大厂隔离绿地—八卦洲、云台山—牛首祖堂山—雨花台风景区、秦淮河湿地—方山、青龙山—紫金山六个主要楔形绿地。"四环六楔"进一步强化和彰显了南京都市区的空间格局,也构成了市域层面的主要开敞空间。

（3）"九道十八射"秀景观　"九道"指沿滁河绿道、江南滨江绿道、江北滨江绿道、环老城明城墙绿道、明外郭-秦淮新河绿道、牛首云台绿道、秦淮河至两湖绿道、青龙山—椏溪绿道、紫金山—宝华山沿山绿道。"十八射"主要包括宁镇、沪宁、宁常、宁杭、宁宣、宁马、宁巢、宁合、宁洛、宁连、宁通、宁盐、宁丹、芜太和243省道等高快速通道,通过生态休闲绿道和高速景观绿带展现沿线的自然人文景观特色。

制定市域绿地基本指标:至2020年,市域森林覆盖率应达到28%,城镇绿化覆盖率达到47%,城镇绿地率达40.12%,城镇人均公园绿地面积达20 m²。

5.5.3　市域绿地规划布局

1) 生态基质

市域生态基质主要由农用地构成,主要包括2 280 km²的基本农田和其他一般耕地,农用地主要为生态农业、副食品和粮食基地,同时也是构成城市生态环境自然要素的重要部分,其作为城市外部的空间,应当尽量保持自然的特性,为之后的城市生态绿地扩展提供足够的发展空间。

保护现有农田林网,结合排水沟渠和田间道路走向,利用农村土地整理的机会加强农田林网建设,提高农田林网绿化率,形成特有的农田生态景观和郊区绿化格局。

2) 生态斑块

市域绿地系统中的生态斑块主要包括组成生态绿斑的山林绿地〔含自然保护区、风景(名胜)区、森林公园、地质遗址公园、郊野公园〕、组成生态蓝斑的滨水绿地(含湿地公园、饮用水源地及其保护区和涵养区)、组成绿楔的市域楔形绿地及城镇隔离绿地。

(1) 生态绿斑(山林绿地)

① 自然保护区:规划自然保护区2个,分别为雨花台砾石层保护区及止马岭自然保护区,均属市级自然保护区,总面积约6.67 km²。

② 风景(名胜)区:规划风景名胜区12处,包括1处国家级风景名胜区钟山风景名胜区;2处省级风景名胜区雨花台风景名胜区和夫子庙—秦淮风光带风景名胜区;9处市级风景区,包括幕燕风景区、栖霞山风景区、汤山—阳山碑材风景区、牛首—祖堂风景区、止马岭风景区、金牛湖—桂子山风景区、东庐山风景区、固城湖风景区、石臼湖风景区,总面积约386.54 km²。

③ 森林公园:规划森林公园共10个,分别为方山森林公园、老山国家森林公园、平山森林公园、幕燕森林公园、无想寺森林公园、栖霞山森林公园、六合金牛湖森林公园、南京南郊省级森林公园、高淳游子山国家森林公园、牛首山森林公园。其中国家级森林公园4处,省级森林公园6处,总面积约177.87 km²。

④ 地质保护区(公园):规划地质保护区(或公园)3个,分别为江宁汤山国家地质公园、六合国家地质公园、六合冶山矿山公园,总面积约达36.86 km²。

⑤ 郊野公园:规划郊野公园10个,包括小漓江—龙山、聚宝山、三桥滨江、甘

泉湖、青龙山、赤山、云台山、龙王山、佛手湖、灵岩山郊野公园。重点保护利用灵岩山、龙王山、佛手湖、小漓江—龙山、甘泉湖、青龙山、赤山等郊野公园,总面积约47 km²。

（2）生态蓝斑（滨水绿地）

① 湿地公园：现状湿地公园 6 个,除了绿水湾、高淳固城湖为国家级湿地公园,还包括长江新济洲湿地等。新增规划湿地公园 27 个,总面积约 189.73 km²。

② 饮用水源地及其保护区：规划 26 处饮用水源地,其中 18 处为湖泊水库水源地,8 处为长江集中式饮用水源保护区。

③ 水源涵养区：全市共有重要水源涵养区 14 处,总面积约 330.14 km²。

（3）生态绿楔

① 城镇隔离绿地：规划 8 片城镇隔离绿地,总面积 66.9 km²,其中 4 片城镇组团隔离绿地,包括主城—板桥、板桥—滨江、秣陵—禄口、淳化—湖熟；4 片污染防护隔离绿地,包括长芦—雄州、大厂—浦口、新港—炼油厂、仙林—炼油厂绿化隔离带。

② 楔形绿地：市域绿地中的楔形绿地包括老山—亭子山—长江、六合方山—灵岩山—八卦洲、滁河湿地—大厂隔离绿地—八卦洲、云台山—牛首祖堂山—雨花台风景区、秦淮河湿地以及方山—青龙山—紫金山 6 组大型楔形绿地。

3）生态廊道

生态廊道是指具有生物多样性保护、过滤污染物、防止水土流失、防风固沙、调控洪水等生态服务功能的连接廊道。主要包括沿带状水系布局的人工滨水绿带以及沿城市主要交通干道两侧布局的防护绿带。

（1）蓝带　指为保护市域水系规划的滨水生态绿地。沿河、沿江及湖泊、水库周边规划建设滨水绿地,确保城市饮用水源安全,塑造滨水特色景观。

规划沿秦淮河、滁河、胭脂河、马汊河等共 30 条河道进行,市域非建设用地范围内两侧绿带宽度控制在 50～100 m；进入城市化地区绿带宽度控制为 30～50 m。

（2）绿带　指沿市域交通及市政基础设施走廊设置的带型绿地,可兼具如下功能：防护交通尾气、噪声污染,作为生物迁徙廊道,作为城市通风进气通道等。

规划沿绕城公路两侧建设单侧宽度不低于 100 m 的环城绿带；沿绕越公路两侧分别形成 100～300 m 的绿带,绕越公路经过城市化地区时两侧绿带宽度均应不低于 100 m；沿宁镇、沪宁、宁常、宁杭、宁宣、宁马、宁巢、宁合、宁洛、宁连、宁通、宁盐、宁丹和 243 省道放射状交通线路两侧各控制 50～100 m 的绿带；沿快速路两侧各建设 50 m 的绿带,快速路进入城市化地区两侧各控制不小于 30 m 绿带；沿铁路两侧各控制不小于 30 m 的绿带。

本章小结

经国务院批准，2016 年 6 月 1 日，国家发改委、住建部印发《长江三角洲城市群发展规划》。规划显示，长三角城市群规划范围包括苏浙沪皖三省一市，在长三角城市群的各个城市规模等级的划分中，南京被列为除超大城市上海以外的"长三角中心城市和唯一特大城市"，并有望成为国家中心城市。南京正面临着史无前例的发展机遇，南京在经济、社会、生态、历史文化等方面必定将展现全新的面貌，绿地的规划也必定会走向区域一体化、网络化、生态化、功能多元化的更高层次。

6 仙林新城绿地空间分析与网络化构建研究

新城是城市延伸和扩展的区域,土地开发利用相比主城更加的强烈,区域内的生态格局、土地利用、人口结构和产业结构都将发生深刻的变化,这些转变较之未城市化以前显得更加明显和繁杂,其景观格局的变动和生态过程的转变也愈加显现出特别之处。城市绿地是城市重要的生命保障系统,具有生态和社会经济功能,已经成为评价城市生态可持续性与人们生活质量的重要标准。绿地系统对保障城市生态环境可持续发展和维护居民身心健康起着至关重要的作用,必须明确城乡绿地体系是城市经济社会与生态环境协调发展的有机载体。

借鉴国内外城市新城绿地系统规划的实践经验,并在绿色基础设施规划理论的指导下,以南京的新城——仙林副城为例,对其绿地空间结构网络化构建进行研究。

(1)构建新城绿地结构网络化的实施方案,满足资源保护与利用协调并重的双向需求 首先,对新城的绿色基础设施进行调查分析,构建绿色基础设施网络体系,保护与恢复生物栖息地;其次,结合新城绿地现状,寻求适宜的网络构建实施与优化策略,建立新城绿地网络的方案,与市域及区域绿地协调发展。

(2)重新建立多元目标的城—乡连接 在城市空间进一步的拓展过程中,城—乡及其边缘各部分绿地建设关系变得杂乱无章,生态功能脆弱,通过绿地生态网络的构建,连接城乡绿地空间,恢复和改善环境与景观,协调新城与乡村的关系,全面构建和完善新城的生态系统功能。

(3)构建集自然与人文景观为一体的复合型绿地网络,实现多目标的网络框架 在保护自然生态景观的同时,通过绿地网络空间连接新城中的历史人文景观,构建融合生态、文化、游憩和美学的复合型绿地网络。

(4)探索并实践新城绿地构建与实施的生态化方法与技术 将生态化方法与技术运用于新城绿地网络的构建与建设,确保以绿地为载体的绿色基础设施的效益得到充分发挥。

6.1 仙林新城的自然地理概况

仙林新城位于南京城区东部,向西与南京主城隔紫金山相连,北面倚靠栖霞山,东接镇江宝华山和汤山,南与青龙山毗邻。仙林地区为盆地状地貌,山体占新城总面积的 65% 左右,主要有桂山、灵山、龙王山等,构成了主城东部生态防护网的主要骨架,山丘、岗地和谷地平原相间分布。山体主要走向为东西方向,高度大部分在 50 m 以下,最高的灵山高度为 155 m;丘岗的高度一般在 25～50 m;谷地平原高程在 15 m 左右,总体向东北方向微微倾斜,坡度在 1‰～3‰。自然植被生长茂盛,是南京东部保存较为完好的生态环境,新城内水资源丰富,九乡河、七乡河从北至南纵贯而过,湖泊、水库、湿地等纵贯其中,山丘、岗地和谷地平原相间分布,风景秀丽,具有无法类比的生态优势。新城遗存的重要历史遗迹包括国家级、省级、市级文物各 1 处,此外区内还留有明城外廓土城墙遗址。

6.2 南京仙林历次规划历程

仙林地区的发展与南京城市总体空间格局的变化紧密相关。从古至今,南京城经历了 2 000 多年漫长的发展阶段,其空间范围基本局限于明城墙以内。新中国成立后,南京老城已逐步完成建设。改革开放以后,城市社会经济发展迅猛,南京主城的空间得以迅速拓展,21 世纪以来城市空间开始跳出主城发展,并开始在外围规划建设新城,寻求新的发展空间,疏解老城的人口与产业。仙林地区的形成与发展正是南京外围新城建设的开端。

仙林地区的开发建设是由规划引领的。从 1978 年开始编制《南京城市总体规划(1981—2000)》到 2002 年编制《仙林新市区总体规划》,20 余年间历经了南京城市总体规划的编制与修订,并在其基础上编制了一系列仙林地区的规划,规划理念不断进步,规划水平不断提升。

在大规模开发建设前,仙林地区一直是由山、林、河流、农田构成的农业化地区(图 6-1),表现为以自然要素为主导的自发发展状态。20 世纪 90 年代前后,随着南京城市发展的需要,南京城市建设也开始逐步走入规划引导的合理轨道,并开始编制仙林地区的发展规划,最初由开发公司进行操作,开始按照规划的主要思路进行开发建设。这一时期与仙林地区同时规划的有《南京城市总体规划(1980—2010)》《南京城市总体规划(1991—2010)》《仙林新市区总体规划(1993)》等。

至 21 世纪初期,随着仙林地区发展框架的拉开,地区的建设规模不断扩大,并开始严格按照规划进行建设。以 2002 年编制的《仙林新市区总体规划》为代表,规划成果逐步成为城市政府决策的重要依据,指导下层次规划编制的全面展开,并合理引导重大项目的选址和建设,很多规划内容已经得到了正确的实施。这一时期与仙林地区相关的规划有《南京城市总体规划(2001—2010)》《仙林新市区概念规划(2001)》《仙林新市区总体规划(2002)》。

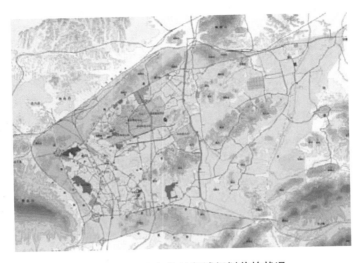

图 6-1　2002 年仙林新城规划前的状况

来源：《南京仙林新市区规划回顾与评价》

1) 历次南京城市总体规划对仙林的定位

20 世纪 80 年代改革开放初期，国家社会事业逐步发展，经济水平不断提升，城市规划事业也得以恢复。1980 年前后，南京完成城市总体规划的编制，确定"市（主城）—郊（近郊风景区、菜地）—城（卫星城）—乡（农田、山林）—镇（远郊小城镇）"圈层式城镇空间群体的结构模式。这一时期的城市总体规划中，仙林地区部分位于第二圈层（蔬菜、副食品生产基地与风景游览区，土地原则上不再征用，以控制市区规模），部分位于第四圈层（大田与山林），保持原有的城郊农业化地区风貌。

历经改革开放 10 余年，南京城市发展加速，传统的南京主城区基本建设完全，城市功能日益饱和，1980 版城市总体规划在一定程度上表现出与城市发展的不适宜性（图 6-2）。因此，1991 年南京城市总体规划修编，借鉴当时国际上较为先进的规划设计理念，将南京市规划地域范围分为"城市规划区—都市圈—主城"三个层次，规划提出"以长江作为城市主轴，以主城为核心都市圈作为主要发展空间，通过多元一体化发展，带动并协同长江南北，逐步实现市域的城镇化目标"的城镇发展方针（图 6-3），并提出"X"形城市发展轴与"干"字形城镇带的城镇总体布局设想。此时，"仙鹤门—西岗"地区规划作为南京市 12 个外围城镇之一，要求与主城功能互补、协调发展。具体将其定位为"南京的新市区，南京国际化大都市的新核心"，重点发展第三产业，发展成为各类国际活动中心、现代化住宅及休憩地等，适当发展高新技术产业。规划要求 2010 年"仙鹤门—西岗"地区人口 20 万，用地 30 km²；到 2020 年总用地达 80 km²，人口规模增至 60 万。

图 6-2　1980 年南京市城市总体规划的圈层结构示意

来源:《南京市城市总体规划(1981—2000)》

图 6-3　《1991 年南京城市总体规划修编》示意

来源:《1991 年南京城市总体规划修编》

为了进一步适应南京城市快速发展的需要,2001 年进行了南京城市总体规划修编。规划提出南京市域城镇要形成"主城—新市区—新城—重点城镇—一般城镇"五级城镇体系结构。将都市发展区内城镇结构调整为"主城—新市区—新城",进一步明确了仙林与东山、江北共同作为南京的三大新市区(图 6-4)。规划指出仙林定位为"都市发展的次区域中心,主要发展教育和高新技术产业的新市区";鼓励并大力发展教育科研、文化体育、休闲娱乐、商业服务及生活居住等第三产业以及研发、加工等无污染的高新技术产业;禁止有污染、建设标准低、技术含量不高的工业的发展。规划要求仙西新市区到 2010 年人口达 16 万左右,远景按 60 万左右进行预留。

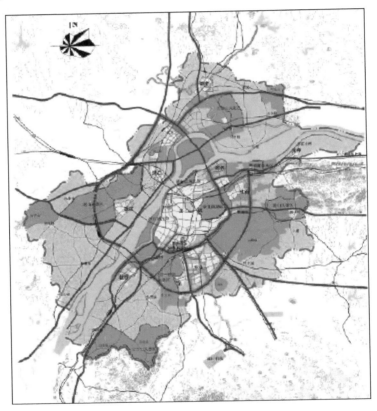

图 6-4　2001 年南京城市总体规划修编示意

来源:《2001 年南京城市总体规划修编》

2) 1993 版仙林新市区总体规划

在 1991 版仙林新市区总体规划编制完成之后,根据南京都市圈的发展构想,将仙西地区作为城市向东挺进发展的主要地区,并划定为南京的新市区。仙西新市区规划范围是南自沪宁高速公路,北至宁镇公路,西自绕城公路,东至七乡河,规划总用地为 80.86 km²。

规划提出新市区职能是以发展现代化、高起点的第三产业为主,组织并举办大型国际活动,建设现代化住宅及休憩地等,可适当发展高新无污染技术产业,逐步形成南京国际化大都市的又一核心。为保证新市区的环境质量,仙西地区周围约 42 km² 用地作为规划控制区,即北起老宁镇公路,南至宁杭公路,东到汤山风景区的山体,西至环陵路。

规划布局则强调结合自然山系,以东西向"紫金山—宝华山"绿色生态走廊为主骨架,以南北向"栖霞山—青龙山—汤山"绿色生态走廊为次骨架,使仙西地区自然形成东北—白象分区、西北—仙鹤分区、西南—麒麟分区、东南—青龙分区四个相对独立的用地组团,构成新市区组团式的布局结构形态。

1993 版仙林新市区总体规划编制时,仙林地区并没有实际的项目建设需求,但是为了更为合理地引导地区未来的发展,在总体规划层面下做了更为深层次的思考。其中提出的规划理念、功能定位、空间布局结构等主要结论在一定层面达成了共识,为后续的规划编制提供了重要依据。

3) 2002 版仙林新市区总体规划

1990 年以来仙林地区在规划引导下逐步有了开发建设,至 21 世纪初期,仙林地区的道路及市政设施建设逐步拉开框架,整体开发建设的条件已经成熟。因此,以南京城市总体规划的要求为基础,在 1993 版仙林新市区总体规划、2001 年仙林新市区概念规划的主要规划理念的指引下,为了进一步合理、深入引导高等教育等重大项目建设,于 2002 年完成了仙林新市区总体规划的编制。

规划进一步提炼出仙林新市区发展的新思路、新理念,"南京的新市区、南京都市发展区的区域副中心"的功能定位和"绿色城市、文化城市、科技城市、宜居城市"的发展目标更加明确,"仙鹤、白象、麒麟、青龙"四大片区的功能结构更加清晰。

在此基础上,分别编制了《仙林新市区仙鹤片区规划》《仙林新市区白象片区分区规划》《青龙片区控详规划》,明确了各片区的用地与功能布局,并做了进一步的深入研究与细化。

《仙林新市区总体规划(2002)》确定了十字生态廊道和四综合片区+两个 IT 产业园的组团式空间结构,如图 6-5、图 6-6 所示。规划提出,在目前已经确定的对外交通"中"字形框架中(宁镇公路、沪宁高速公路、绕城公路、公路二环、公路三环),充分利用区内龙王山、桂山、灵山等山体,形成东西向"紫金山—宝华山"绿色生态主廊道,南北方向上结合九乡河、公路二环控制带及高压走廊形成"栖霞山—青龙山、黄龙山"绿色生态次廊道。在两条绿色生态廊道构建的基础上,结合现状建设情况和宁汉(芜)铁路的走向,形成"四个综合片区+两个 IT 产业园"的组团式空间发展结构。四个综合片区分别为西北部的仙鹤片区、东北部的白象片区、西南部的麒麟片区、东南部的青龙片；两个 IT 产业园分别为北部的玄武软件园，南部的马群科技园。

图 6-5 仙林新市区总体规划图（2002 年）

来源：《仙林新市区总体规划》（2002 年）

图 6-6 2002 年仙林新市区规划结构图

来源：《仙林新市区总体规划》（2002 年）

6.3 最新南京仙林副城总体规划(2011—2030)

南京仙林副城规划依据上位规划《南京市城市总体规划(2011—2030)》《南京都市区东部次区域发展战略研究(2009)》《南京经济技术开发区东区总体发展战略规划(2009)》《仙林新市区总体规划(2002)》以及其他已批准的专项规划和控制性详细规划成果进行编制,在 2009 年新一轮修编的《南京市城市总体规划(2011—2030)》中被确定为南京的三大副中心新城之一,也是"宁—镇—扬"都市圈连接轴线的重要战略空间。近年来仙林新城以其积极奋进的精神和蓬勃的发展态势正逐步向南京都市发展区东部的区域副中心迈进,其区位见图 6-7。仙林地区从南京近郊区的农业化地区到南京主城功能扩散的重点承载地,从蔬菜、副食生产基地到集聚十数所国家及省属重点高校的全国一流大学集中区,经过 20 多年,城市建设

图 6-7 仙林新城区位图

来源:《南京市仙林副城市总体规划(2011—2030)》

与风貌都发生了巨大的变化,仙林的开发与发展,对探索人口经济发达地区的优化开发新模式、调整优化城市布局和空间结构以及培育创新驱动新引擎等方面,具有重大现实意义和深远历史意义。

根据《南京市仙林副城总体规划(2011—2030)》的内容,仙林副城范围北至长江,南至沪宁高速和京沪高铁沿线,西至绕城高速,东至南京市界、312国道和七乡河,总用地面积约166 km²。其城市基本定位:将仙林建设成为长三角区域重要的科技创新中心;南京市高新技术产业基地;南京都市圈东部区域辐射中心;南京都市区高品质的宜居新城。

因此,最新规划更加强调区域协调与统筹,聚焦都市圈宁镇扬同城化发展问题,积极处理好仙林副城与周边区域的统筹协调、功能安排及空间布局关系。重点研究绿地生态网络、综合交通和产业布局的协调发展,使仙林副城成为对接长三角、接受上海辐射、带动宁镇扬板块共同发展的增长极。

6.3.1 空间布局规划

仙林副城呈组团型布局,表现为"一核、三轴,一环、五心、六组团"的空间结构,见图6-8。副城中心区为"核";"三轴"为九乡河生态服务轴、312研发产业轴和灵山-龙王山总部经济轴;由仙新路、栖霞大道、科技南路以及奔马路构成的环形通道为其"环",将仙林各城市组团的中心区域联系起来。"五心、六组团"指新尧、栖霞、仙鹤、白象、灵山、青龙六个城市功能组团,以及除灵山组团外,五个城市功能组团各自形成的地区级中心。

图6-8 仙林新城空间结构规划图

来源:《南京市仙林副城市总体规划(2011—2030)》

6.3.2 片区发展引导

1）新尧组团

该组团是仙林副城实施节能减排的主要地区，是产业发展集中区。加快实施炼油厂周边污染企业的搬迁，促进南京经济技术开发区的产业转型发展，推进新尧地区老城改造以及312省道廊道内用地的整合更新。重点发展居住、科技研发以及先进制造业职能。2030年城市远景人口规模约15万，空间结构呈现为"一心、两带、四组团"的形式，如图6-9所示。

2）栖霞组团

该组团在仙林副城是发展旅游功能的核心地区，是南京经济技术开发区东区开发建设的重要配套区域。要加快实施栖霞山周边地区水泥厂的搬迁工作，尽快展开环境景观的整治与提升工作；强化峨眉山周边科技研发功能及居住功能的拓展。该组团以重点发展文化休闲、商业金融、科技研发以及居住职能为主要目标。规划到2030年城市人口规模约10万，构筑并形成"一心、一轴、两组团"的空间结构，如图6-10所示。

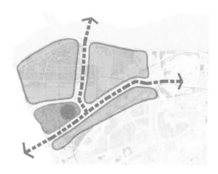 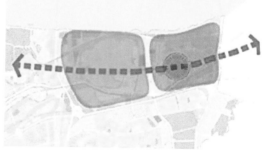

图6-9 新尧组团规划结构图　　　　　图6-10 栖霞组团规划结构图

来源：《南京市仙林副城市总体规划（2011—2030）》

3）仙鹤组团

该组团是仙林副城高等教育及高档住宅的积聚区。重点加快仙鹤地区中心、明外郭风光带的规划建设和徐庄软件园及周边地区的产业调整和升级工作。着重打造高等教育、科技研发以及居住职能。规划至2030年城市人口规模约为31万，构筑"一心、一轴、两带、四组团"的空间结构，如图6-11所示。

4）灵山组团

该组团是仙林副城行政中心区。规划中近期进行预留，远期目标中择机推动现有各军事用地的搬迁，并同时进行中心区建设。重点发展商业金融、商务办公、文化休闲等职能,构筑"两轴、三组团"的空间结构,如图 6-12 所示。

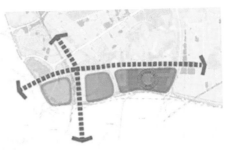

图 6-11　仙鹤组团规划结构图　　　图 6-12　灵山组团规划结构图

来源:《南京市仙林副城市总体规划(2011—2030)》

5) 白象组团

该组团是仙林副城高等教育及高档住宅的积聚区,高新技术产业发展的重点区域。加快电子信息产业、生活居住以及地区中心的建设。重点优先发展先进制造业、科技研发、高等教育以及居住功能。远景规划 2030 年城市人口规模约 14 万,构筑"一心、两轴、四组团"的空间结构,如图 6-13 所示。

6) 青龙组团

该组团是仙林副城集居住功能拓展、高新技术产业发展两大目标为一体的重点区域。必须加快居住功能以及地区中心的建设,选择适宜的时间开展液晶谷第二、三期项目的开发建设。重点发展先进制造业、科技研发以及居住职能。规划至 2030 年城市人口规模约 30 万,构筑"一心、两带、三组团"的空间结构,如图 6-14 所示。

图 6-13　白象组团规划结构图　　　图 6-14　青龙组团规划结构图

来源:《南京市仙林副城市总体规划(2011—2030)》

6.3.3　产业布局引导

仙林副城产业空间总体上的布局结构为"一核、两带、多组团"。

"一核"指的是仙林副城中具有商业商务发展、文化会展等作用的现代服务中心区。

"两带"指的是灵山—龙王山、312 沿线的两条高新产业发展带。在灵山—龙王山沿线主要以开发矿产、发展企业总部的经济建设为目标,而在 312 沿线发展带,则重点打造峨眉科技园、中视中科、生命科技园和金港科创中心等科技研发团体。

"多组团"指的是包含 1 个旅游组团、6 个工业组团在内的多组团形式。1 个旅游组团指的是栖霞山风景名胜区,而 6 个工业组团是指峨眉软件研发、徐庄—马群软件园、石佛工业组团、液晶谷、炼油厂、南京经济技术开发区 6 个工业组团。

6.3.4 公共活动中心体系

形成基层社区中心—居住社区中心—地区级中心—副城中心的构筑体系,如图6-15所示。基层社区中心,如图 6-16 所示,服务半径按 200~250 m 为准,按 0.5 万~1 万人的人口规模进行设置;地区级中心以目前功能已较为完善的仙鹤地区为基础,继续新建青龙、白象、栖霞、新尧的地区级中心;而副城中心的建立在近期对用地进行控制,在远期选择适当时机进行建设。

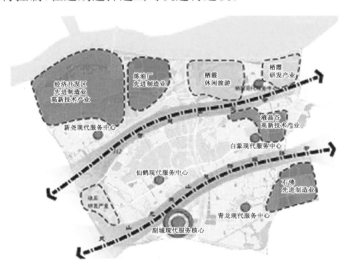

图 6-15 仙林副城产业空间布局结构图

来源:《南京市仙林副城城市总体规划(2011—2030)》

6.3.5 土地利用规划

预计到 2030 年仙林副城城市建设用地将达到 144.80 km²,以居住用地、公共服务设施用地、工业用地以及绿地为主,如图 6-17 所示。

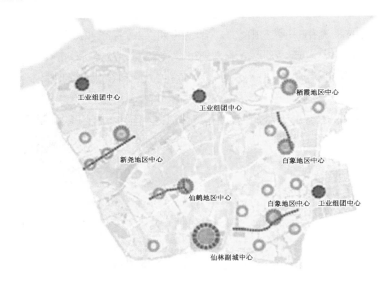

图 6-16 仙林副城公共活动中心体系规划图

来源:《南京市仙林副城市总体规划(2011—2030)》

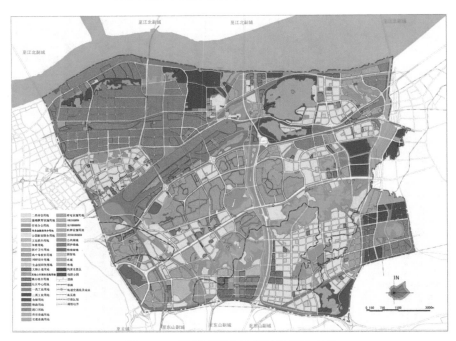

图 6-17 仙林副城土地利用规划示意图

来源:《南京市仙林副城市总体规划(2011—2030)》

6.3.6 仙林副城绿地系统规划

1）绿地规划布局

规划沿长江、水系、历史遗迹遗址形成"一区两带三廊六园"的绿地系统结构，具体类型包括公共绿地、防护绿地、林地、风景名胜区、郊野公园，并对水域进行了规划，见图 6-18。

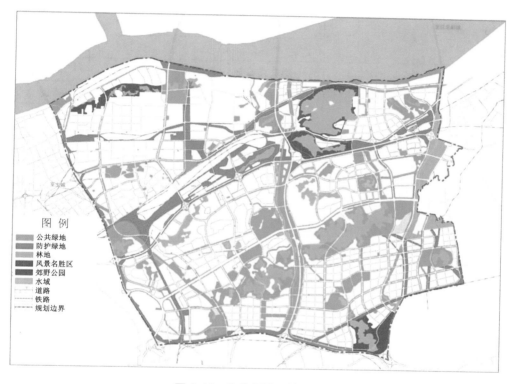

图 6-18 仙林绿地系统规划图

来源：《南京市仙林副城市总体规划（2011—2030）》

2）规划指标

绿地率达 42.86%，绿化覆盖率达 47.06%，人均公园绿地达 27.02 m²。

3）主要绿地及其分布

由于仙林副城至今并未进行针对全域的绿地系统的专项规划，只是最初在《南京市仙林副城总体规划（2011—2030）》中做了总体结构与布局规划，因此，只能根据《南京市城市绿地系统规划（2013—2020）》的编制内容，将仙林副城的主要绿地归纳如表 6-1～表 6-3 所示。

表 6-1   公园绿地(G1)

序号	类别	名称	面积/km²	发展设想
1	综合公园 G11 EG11	栖霞山风景名胜区	8.30	保留
2	社区公园 G12	南炼公园	0.03	保留
3		三叶湖公园	0.15	保留
4		太平山公园	0.29	保留
5		乌龙山公园	0.18	保留
6		仙鹤门公园	0.13	新建
7	专类公园 G134	萧宏墓石刻公园	0.05	扩建
8	其他专类公园 G139	土城墙遗址带状公园	0.35	新建
9		十里长沟带状绿地	0.38	新建
10		九乡河带状公园	1.56	新建

表 6-2   防护绿地(G2)

序号	名称	廊道宽度/km	面积/km²
1	新港—炼油厂	0.2~1.8	2.2
2	仙林—炼油厂	1.0	4.1

表 6-3   区域绿地(EG)

序号	类别	名称	主要保护对象	面积/km²
1	郊野公园 EG14	小漓江—龙山	滨江湿地、山林	3.4
2	湿地公园 EG13	小漓江湿地公园		1.98
3	森林公园 EG12	栖霞山森林公园	自然与人文景观保护、生物多样性保护	10.19
4	风景林地 EG2	青龙山—紫金山市域绿楔	青龙山林地、大连山林地、紫金山林地	—

6.3.7   仙林副城绿色基础设施的规划模式研究

在对南京仙林副城进行总体概况研究和规划研究的基础上发现,仙林副城处于正在城市化的过程中,其不仅具有南京副中心新城的功能,还具有较好的自然生态系统,是集工业、新兴科技产业、教育、居住、交通、服务业等功能为一体的综合性新城,可以不依附主城独立地运行。因此要想将其建设成为现代化、生态型、生态功能稳健、生物和景观多样、环境优美、整体协调的新城,必须要对其绿色基础设施进行生态保护以及恢复重建。故经笔者归纳总结,形成仙林副城绿色基础设施规划的模式,详见表6-4。

表 6-4　仙林副城绿色基础设施的规划模式

研究目的	保护具备重点功能的生态系统,优化副城整体空间结构,科学利用土地,加强生态走廊建设,修复破碎化的开放空间,建设绿色城市和宜居城市
研究对象	副城规划区域内的各类GI要素;现有绿地系统、各类规划中将要保护的土地资源和潜在的具有生态价值的土地
理论基础	景观生态学;城市生态学;生态工程学;新城开发建设理论;GIS空间技术
规划策略	利用"精明增长""低碳经济"等发展理念促进副城转型发展;旧城区进行生态修复与更新,新区保护与开发利用相结合,先保护后开发;生态、人文、游憩等功能相互融合;连通各类自然、半自然及人工绿色基础设施,扩大城市开放空间,提升生态效益,提供平等的使用途径
结构形式	网络中心(Hubs)、连接廊道(Links)和踏脚石(Stepping Stones)组成的生态框架系统;自然山水格局与城市道路、步行系统、绿道、开放空间等紧密连接、交织形成的城市空间结构网络系统
规划步骤	确定研究范围,收集和整理各种生态类型的数据,并进行归类和属性分析;制定网络体系构建的目标,确定保护的各类生态要素;辨识GI网络要素,确定网络中心和连接廊道;GI网络资源评价与排序,为保护行动设定优先区;寻求其他组织和公众的评论和参与
预期规划成果	构建区域的GI网络和生态数据库,评估绿色基础设施的生态价值,通过生态价值和开发风险等指标来评价并确定优先保护等级;将GI空间结构与城市"七线"规划相结合,优化其空间结构;实施城市雨洪控制与利用、绿色街道、城市森林、都市农业、低影响的交通模式等基础设施的"生态化"改造与运行,确保建立内部连接和自然区域与开放空间网络

6.4　南京仙林绿色基础设施的调查分析

　　首先对副城的绿色基础设施资源进行调查分析,对其种类、面积大小、空间分布、保护与使用状况等有清晰掌握,再了解和研究新城的土地利用性质等,通过对规划区域内的总体景观生态格局和生态过程的分析,结合生态保护用地,整合现有绿色资源,增强现有自然资源之间的联系,形成新城的绿色基础设施网络,为新城绿地系统规划提供规划基础和依据。

　　本次研究以2015年中国科学院计算机网络中心"国际科学数据服务平台"的卫星影像图和DEM数据作为分析的基础,利用ENVI软件对影像进行几何校正和大气辐射校正,并结合《南京市绿地系统规划(2013—2020)》实施评估的部分内容,对南京市仙林副城的绿色基础设施构成和结构进行定量与定性相结合的分析,并构建副城的绿色基础设施网络。

6.4.1 南京仙林绿色基础设施现状调查

(1)山体丘陵 根据对研究区内山体丘陵的调查,共划出 28 个块,其中包括桂山、灵山、龙王山、栖霞山、青龙山及汤山等,总面积约 36.22 km²。

(2)林地 根据对研究区内林地的调查,共划出 235 个块,包括天然林、次生林和人工林,总面积约 40.52 km²。

(3)绿地 根据对研究区内绿地的调查,共划出 145 个块,主要包括道路绿地和部分防护隔离绿地,未包括生产绿地、附属绿地等,总面积约 7.55 km²。

(4)水体 根据对研究区内水体的调查,共划出 152 个块,包括七乡河、九乡河、仙林湖、羊山湖等水域,总面积约 5.02 km²。

(5)农田 根据对研究区内农田的调查,共划出 119 个块,总面积约 24.75 km²。见图 6-19,将调查数据归纳为如表 6-5 所示。

图例:
■ 绿地
■ 林地
■ 水体
■ 农田
■ 山体丘陵

图 6-19 仙林绿色基础设施调查分布图

表 6-5 仙林主要绿色基础设施调查数据表

序号	名称	块数	面积/km²	主要组成要素
1	山体丘陵	28	36.22	桂山、灵山、龙王山、栖霞山、鸡笼山、射乌山等
2	林地	235	40.52	天然林、次生林和人工林

序号	名称	块数	面积/km²	主要组成要素
3	绿地	145	7.55	主要公园绿地、道路绿地、防护隔离绿地等
4	水体	152	5.02	七乡河、九乡河、仙林湖、羊山湖等水域
5	农田	119	24.75	现有农田
总计	—		114.06	—

6.4.2 仙林绿地发展的现状与问题

（1）新城绿地存在先破坏后绿化现象　"土地城镇化"的畸形发展方式使得多数新城绿地采用"先破坏后绿化"的模式，不注重原有场地上的自然生态，将绿地片面地看作"绿化用地"，破坏了不可再生的原生生境及自然地貌，导致重复建设与自然特色的消失。城市化是一个必然对自然造成影响的过程，在生态敏感地区，破坏的程度要远远大于保护的程度。

（2）绿地景观破碎，绿色廊道建设有待提高，绿地生态网络尚未形成，生态效益低　新城绿地的分布均衡性较差，绿地的分布较为凌乱，点状绿地连接度不够，缺乏必要的联系和相对独立的发展；在建成区内，绿地斑块结构间的网络连接度还不紧密；一些防护隔离绿带和楔形绿地遭受侵占，与市域生态廊道的连通性较低，生态效益低。关注绿地的连接度和连通性才能保证绿地的生态效益得到发挥，新城生态发展的战略目标应是达到网络化和系统化。

（3）绿地形式单一，可达性低，可参与性的互动体验不高　新城绿地中防护绿地及道路绿地，市政、居住等附属绿地的比重较大，公园绿地和街旁绿地较少，类型较为单一，且可达性与可参与性不佳，配套设施少而简单，在很多情况下仍然是一种"填空式"的规划与设计。

（4）边缘地带的保护力度不够　边缘地带是指城市与山体、农林用地等的结合带，也是生态敏感的地区，具有较高的生态和景观价值。新城建设中人为活动加剧了干扰，使该区域的生态环境被破坏，不断变得更加脆弱。随着人工设施的不断侵入，自然要素则不断减少，边缘地带在生态功能的补充、景观层次的丰富、城市空间的延续、丰富城市居民休闲生活等方面都没有发挥其应有的作用。

（5）河塘湿地系统功能退化　湿地生态系统面积减少，坑塘池湖等湿地不断萎缩和消失，生态功能退化，湿地生物多样性受到威胁，对依赖湿地的动植物资源造成威胁，并削弱了对城市地表径流的吸收和贮蓄，对新城的雨水管理也造成了一定的影响。

（6）无序和过度开采严重破坏生态　灵山、桂山和龙王山由于矿石和砂石的大量开采,山体采石疮面较多,已经对各矿区所在区域生态环境造成破坏,大量矿渣和扬尘给大气造成严重污染,并因此造成了生态系统退化的现象,遗留下的大量矿山岩口,为生态恢复增加了难度。这些潜存的各类地质灾害直接影响到城市建设的 展,同时也给绿地的建设增加了难度。

(7) 人文与地方特色匮乏　目前各新城在城市绿地建设中,往往只注重发挥绿地改善城市环境的功能,却没有担负起表现城市景观、彰显城市历史文化风韵的功能,地域的历史文化脉络没有很好地融入到绿地景观建设中,使绿地的建设丢失了新城独特的历史风貌和文化底蕴。

6.5　基于绿色基础设施的仙林绿地网络构建的目标与原则

6.5.1　构建目标

1) 网络化的绿地空间

不同于以往主要通过划定自然保护区及森林公园来单独保护重要物种的栖息地的方法,绿色基础设施理念下的保护方式则是通过保护整体的景观环境,进而达到保护绿地空间的目的,这是一种可持续发展的思路。其内涵不仅是要保护好连接枢纽,还要保护好连接廊道,通过廊道的连接,将各个独立的生态斑块进行联系,给生物迁徙打通通道,保证景观孤立破碎带来的危害减少,进而保证生物的多样性发展。

因此绿地生态系统网络在进行构建的时候,要先梳理好已经拥有的绿地生态资源,将具有多样性的生态斑块予以确定,构建一种既是最小成本,又能满足物种迁徙的生态廊道,使得绿地生态空间能够具有连通性和完整性的特点。

2) 多功能的绿地生态网络体系

整合开放空间、水、土地利用及物质流动是绿地生态网络构建的目的,城市的发展已经不能满足于现有的以保护和恢复自然景观、保护生物多样性的绿地生态目的;建立起一个能够兼顾不同功能,并将很多不同功能归入生态网络框架里的新的综合性生态网络就显得很有必要。在城市绿地基础上拓展其不同的功能,将居民游憩、文化遗产的保护、生物多样性的保护、景观保护和恢复在内的多种功能相互协调发展,能更好地提高资源的利用效率,发挥出不同功能的最大潜力。

3) 弹性化的绿地生态网络

绿地生态网络还应该在保证完整性的前提下建立起一套适合的评价体系,在考虑对象的有效性时采用定性与定量的方法进行,针对不同类型的资源采用不同的评价和规划,创造出能够灵活多变的多层次生态网络。这样的多层次生态网络框架能够联系生态背景和管理方面的有机统一,促进生态和城市建设两者平稳及协调发展,在进行生态保护的过程中,分层次、分时间地进行灵活实施,针对性地对不同区域进行保护开发,这种方式不仅能够合理地减少成本投入,并且能够协调生态保护和城市开发之间的矛盾。

6.5.2 构建原则

基于绿色基础设施的绿地生态网络的构建是与生态保护、基础设施工程、土地利用、水资源管理体系、节能利用等方面规划设计相适应的,在体现对自然资源尊重的同时,在保证自然资源合理保护的前提下,对人文需求的考虑也很重要。具体的构建原则主要分为以下几个方面。

(1)整体保护原则 进行城市绿地建设的本来目的就是为了保护好自然的生态环境,促进生态与城市发展的和谐统一。对绿地生态系统中的自然资源要进行充分的保护,这是维护生态系统正常运行的首要基础。除此之外,还要保证生态系统和新城建设相互协调发展,这是针对宏观区域层面进行考虑的目的。

(2)生态优先原则 基于GI规划的绿地网络构建,必须基于"生态优先"原则,使自然生态系统处于核心和主导地位。保护、恢复和发展自然生态系统并形成安全格局,从而提供自然生态以良好的发展空间,而不是被动地"见缝插绿"。

(3)连通连续原则 绿地生态系统空间上的连通性是实现自然生态过程、生物迁徙过程、人文过程的基础,绿地生态系统想要保持稳定和完整,必须通过生态廊道或踏脚石实现不同斑块资源的连接。

(4)弹性控制原则 人工生态系统是城市中占比例较大的方面,如今城市化的进程迅速,不再将绿地生态网络看作一个固定的均质的保护框架,需要不断调整城市生态安全标准和格局模式以适应变化。由于自然生态资源具有不同的类型,因此采用不同的保护方式,建立起多层次的绿地生态系统,从而更好地协调城市建设,其构建过程是一个不断完善和发展的过程。

(5)复合功能原则 除了优先保护生态环境,还注重对社会服务功能进行保护,比如塑造城市环境景观、保护历史文化古迹、营造游憩休闲的空间等,综合考虑城市生态、经济、社会文化的多样性对城市绿地空间格局的影响,实现自然保护与新城开发建设的双向共赢。

6.6 基于绿色基础设施的仙林绿地生态网络的构建

基于GI的仙林副城绿地生态网络的构建过程综合运用了基于水平生态过程的空间分析法、基于垂直生态过程的叠加分析法、基于图论的分析法和重力模型的方法,涉及 GIS 空间分析功能的表面分析生成高程、坡度坡向、起伏度等空间格局信息,空间查询进行图形与属性的互动分析,距离分析获得最小费用路径,水文分析提取最大耗费距离,以及叠加分析进行不同图形或属性的垂直叠加运算并进行重分类。

　　在对绿地生态网络进行构建的过程中,运用 GIS 地理信息系统的平台,可以综合地考虑绿地生态网络的各部分要素,通过探寻要素之间的联系将各种功能连接起来,实现多目标协调发展。绿地生态网络的构建主要包括对于构成要素网络中心(源斑块)、连接廊道以及小型廊道(踏脚石)的辨识。

　　首先运用遥感影像解译技术获得仙林新城土地利用类型图和归一化植被指数(NDVI)覆盖图,如图 6-20、图 6-21。本次研究将土地覆盖类型分为农田、林地、绿地、水域、建设用地和未利用地六类,如表 6-6。归一化植被指数(NDVI)是反映土地覆盖植被状况的一种遥感指标,其数值越大植被覆盖越好。由图可以看出,新城九乡河以东、仙林大道以南的区域植被覆盖率较高,九乡河以西、仙林大道以北的区域大部分为建设用地。

图例
　研究区边界
　农田
　林地
　水域
　绿地
　建设用地
　未利用地

0.5 1　2　3　4
　　　　　　km

图 6-20　土地利用类型图

6.6.1　网络中心的辨识与确定

　　网络中心一般是生态价值较大的绿地斑块,根据规划目标的不同,一般可分为

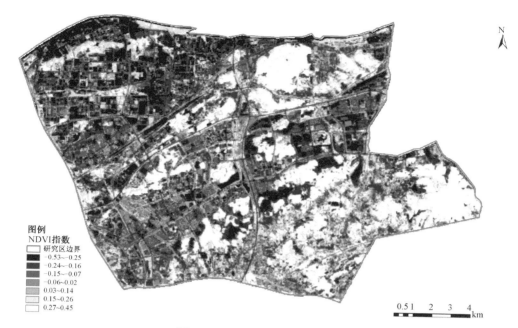

图例
NDVI指数
☐ 研究区边界
■ -0.53~-0.25
■ -0.24~-0.16
■ -0.15~-0.07
■ -0.06~0.02
▨ 0.03~0.14
▨ 0.15~0.26
☐ 0.27~0.45

0.5 1 2 3 4 km

图 6-21　仙林植被归一化指数

表 6-6　新城土地利用类型

土地覆盖类型	描述	面积/km²	比例/%
农田	—	22.75	10.86
林地	各类林地	64.29	30.68
绿地	—	22.61	10.79
水域	主要河流、水库、湖泊	5.02	2.39
建设用地	—	88.49	42.22
其他	未利用地、棕地	6.41	3.06
总计	—	209.57	100.00

以下几类。

（1）基于生态保护的如江河湖海水域外围区域、农业景观、湿地、郊野公园、森林公园、绿化隔离区、防护林带、林地、风景名胜区森林、栖息地、国家公园、野生动物保护区、自然保护区等。

（2）基于休闲游憩的如市内开放区、动物园、植物园、地质公园、湿地公园、郊野公园、森林公园、风景名胜区等。

（3）基于历史人文景观保护的，主要为具备生态价值和历史文化价值的各类文物保护单位,特别是在区域内的一些比较特殊的生态功能区,如水源地、城市入口等。

由仙林副城绿色基础设施要素的调查统计可以看出,仙林副城的斑块包括丘陵山体、林地、绿地、水体等形式,在绿地系统中主要指风景名胜区、森林公园、郊野公园、湿地公园、综合公园和专类公园等,综合考虑斑块的面积、边界等,确定选取标准如下:① 森林公园、风景名胜区、大型林地等生境较好的斑块;② 面积至少大于 0.7 km²;③ 归一化植被指数大于 0.3。

主要包括栖霞山、桂山、灵山、龙王山、汤山等,共选取了 18 个斑块作为区域生物多样性的网络中心,其分布如图 6-22 所示。

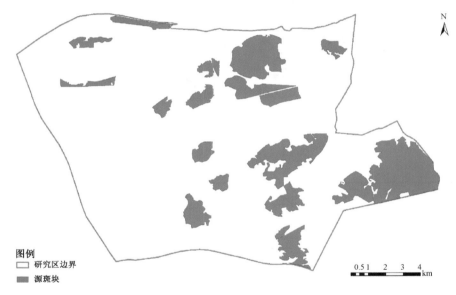

图例
▢ 研究区边界
■ 源斑块

图 6-22　网络中心

6.6.2　连接廊道的辨识与确定

连接廊道是指无论是天然或人工的,只要具有保护生物多样性、过滤污染物、防止水土流失、防风固沙、调控洪水等生态服务功能的带状空间,一般以两种形态存在:一种是潜在的廊道,一般情况下,形态比较复杂的廊道为种群提供的功能也较为多样,生态的意义也相对较为重大;另一种是已经连接的廊道。

对于已经存在的连接廊道,在规划时必须要注重其是否合理,必要时候要进行适当的调节。对于潜在的廊道,应该先在空间水平上进行确定,构建出理论模型,并提出多种可能的廊道位置,根据多种可能存在的连接廊道和场地现状及生态节点,最终确定出生态廊道的位置、走向和形式。

连接廊道主要分为三种不同的类型:城市绿地如防护绿地、街头绿地和公园绿地,沿交通线的生态廊道,沿河的生态廊道,见图6-23。其中路径较长的为独立的生态斑块与其他生态的连接路径,其分布通常沿着交通线和河岸线;较集中的源斑块之间的廊道走向则存在多种方案。

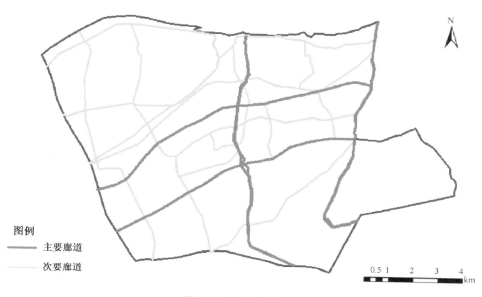

图 6-23　现状廊道分布

6.6.3　小型场地的辨识与确定

小型场地等同于生态学中的踏脚石(小斑块),在连接廊道无法正常工作时,小型场地作为尺度小于网络中心的斑块,能够起到供人类休憩或者动物迁徙的作用,补充连接廊道的部分功能。它不仅是独立的小型生态环境,还能够依托于自然提供生物栖息的场地,可增加景观连接度,并可增加内部物种在斑块间的运动,加强能量的流动,兼具生态和社会价值。确定选取标准如下:① 林地和绿地中生境较好的斑块;② 面积大于 0.05 km²;③ 归一化植被指数大于 0.15。详见图6-24。

6.6.4　潜在连接廊道构建

网络作为大型生境斑块为区域尺度上的生物多样性保护提供了重要的空间保障,是生物多样性的重要源地(Source)。然而,快速城市化使得生境斑块不断被侵占和蚕食,破碎化程度愈加严重,斑块间的连接度不断降低。构建连接性高、功能

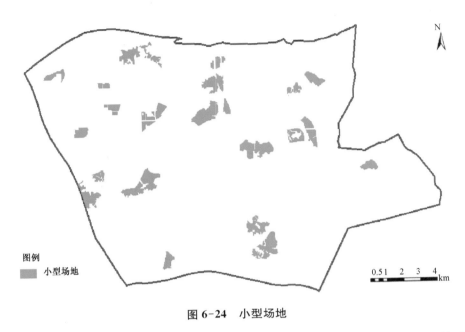

图例
□ 小型场地

0.51 2 3 4 km

图 6-24　小型场地

多元的生态绿地网络被认为是有效保护生物多样性、生态功能和进化过程的重要途径。

本次采用最小费用路径的方法,寻找潜在的廊道,以便构建与优化仙林副城的生态绿地网络,改善与提高重要生境斑块之间的连接,以维持并修复副城的生态环境。其构建过程可大致分为以下七个步骤:

1)生态源地辨识

根据对仙林副城绿色基础设施的调查与分析,将栖霞山、龙王山、桂山、灵山、青龙山及大型林地等生境较好的斑块确定为源(Source)或目标(Targets)。结合面积大小、空间分布等,选取了 18 个斑块作为生物多样性的"源地"(Source),如图 6-22 所示。

2)景观阻力评价

在生态环境中,自然环境对物种生存、迁徙和繁衍等生物活动的适宜性程度就是生态环境的适宜性。不同景观单元中物种进行迁徙的难易程度就是景观阻力,其数值和生态环境的适宜性成反比,斑块生境的适宜性越低,景观阻力就越大。目标或源的质量、目标或源的土地利用类型的差异决定景观阻力的不同,会对生态网络的结构产生极大的影响。而植被群落特征、植被覆盖率、类型、人为干扰强度等对于物种的迁移和生境适宜性同样起着决定性的作用。

对于大多数特别是陆生物种来说,建设用地、道路与水域是物种迁移扩散的重要障碍。城市建设用地是人为干扰、人工化最为强烈和显著的土地,因此景观阻力赋值最大;高速公路与铁路对生态斑块的阻隔作用较大,因而道路的景观阻力赋值也较大;大的水域更多的是对物种起阻隔作用,而小的水域则可能对物种存在一定的适宜性,因此,赋予的景观阻力值也不同。

根据仙林副城的土地利用现状及相关数据,经过计算,确定了不同土地利用类型或生境斑块的生境适宜性和景观阻力大小,生境适宜性越高赋值越小,景观阻力越高赋值越小,详见表6-7。

表6-7　不同土地利用类型的景观阻力值

土地利用类型	具体说明	阻力赋值
森林公园	羊山森林公园	5
风景名胜区	栖霞风景名胜区	15
林地	1 km² ≤面积≤10.55 km²(10 个斑块)	3
	0.5 km² ≤面积<1 km²(16 个斑块)	5
	0.3 km² ≤面积<0.5 km²(22 个斑块)	9
农田	—	50
道路绿地	—	100
水域	主要水系、大中型水库	300
	一般水系、小型水库	200
建设用地	—	1 000
道路用地	高速	1 000
	铁路	800
	国道	600
	省道	500
	城市主干路	400

3) 制作消费面

对不同利用类型的土地进行景观阻力赋值,分别制作成本栅格文件。

(1) 设置道路成本值　由于道路图层为线文件,因此,首先按照高速公路红线宽度 60 m,国道 30 m,省道 24 m,铁路 20 m 大致进行道路宽度的设置,通过线文件分别做 30 m、15 m、12 m、10 m 的缓冲区,依次得到面状多边形文件(daolubuffer.shp)等,再依次将其按照 cost 字段转为栅格数据文件(daolucost.grid)等,最后镶嵌得到总的成本值。

(2) 设置河流水域成本值　同样,在水体边缘做缓冲区,再添加景观阻力值,得到栅格数据(watercost. grid),再镶嵌得到总的成本值。

(3)设置地形坡度因子成本值 首先,进行坡度的计算和分级。从中科院镜像站点下载 DEM 数据,并加载到 ARCMAP 中,进行坡度的计算、分类和赋值,得到坡度的成本值栅格文件(poducost. grid),栅格大小为 30 m×30 m。

成本值的设置:坡度小于 5°区域,成本值为 120;5°～15°区域,成本值为 180;15°～25°区域,成本值设为 300;大于 25°区域成本值设置为 500。然后,进行坡度成本值栅格文件的重采样,得到 10 m×10 m 的栅格文件(poducostre. grid)。高程、起伏度和坡度单成本因子分析见图 6-25～图 6-27。

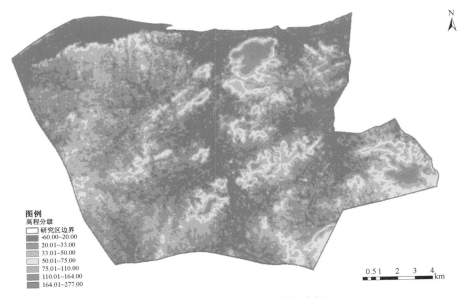

图例
高程分级
□ 研究区边界
-60.00~20.00
20.01~33.00
33.01~50.00
50.01~75.00
75.01~110.00
110.01~164.00
164.01~277.00

0.5 1 2 3 4 km

图 6-25 地形因子——高程分析

(4)创建总消费面——各单因子叠加 首先,按照取最大值的原则将地形因子和河流因子进行镶嵌,得到栅格文件(dixingriver. grid),然后再按照取最小值的原则将道路因子和地形河流因子进行镶嵌,得到总的消费面栅格文件(costsurface. grid),如图 6-28 所示。

4)潜在生态廊道的构建

基于 GIS 软件的平台,采用最小消耗路径方法(Least-cost Path Method, LCP),找出目标和源之间的最小消耗路径。这个路径即物种迁移最佳的路径,能够减少外界的干扰。分别以前面确定为网络中心的任一斑块为源(Source),其他斑块为目标(Targets),进行成本距离分析,依次得到所有斑块间的潜在生态廊道,如图 6-29 所示。

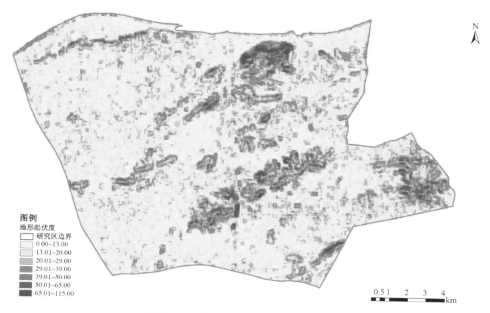

图例
地形起伏度
研究区边界
0.00~13.00
13.01~20.00
20.01~29.00
29.01~39.00
39.01~50.00
50.01~65.00
65.01~115.00

0.5 1 2 3 4
km

图 6-26 地形因子——起伏度分析

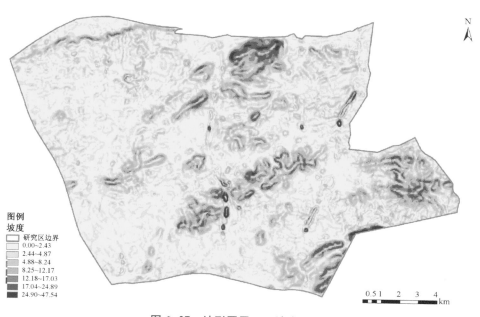

图例
坡度
研究区边界
0.00~2.43
2.44~4.87
4.88~8.24
8.25~12.17
12.18~17.03
17.04~24.89
24.90~47.54

0.5 1 2 3 4
km

图 6-27 地形因子——坡度分析

图例
- 研究区边界
- 3
- 5
- 9
- 15
- 50
- 100
- 200
- 300
- 400
- 500
- 600
- 800
- 1 000

0.5 1   2   3   4 km

图 6-28　综合成本消费面

图例
- 研究区边界
- 源斑块
- 潜在廊道

0.5 1   2   3   4 km

图 6-29　基于最小路径的潜在生态廊道

5）提取重要生态廊道

潜在生态廊道的有效性一般通过目标与源的相互作用强度进行表达。廊道较宽或者斑块较大,能够使景观阻力减小,物种在迁移中的生存率也大大提高。利用重力模型进行目标与源之间的相互矩阵的构建,通过对作用强度的分析,对生态廊道的重要性进行判定。之后根据判定结果等级划分目标和源之间的相互作用力,剔除掉冗余的廊道,选择作用力大于某一阈值的廊道,最终将得到南京仙林副城的重要廊道。重力模型的具体计算公式如下:

$$G_{ab} = \frac{N_a N_b}{D_{ab}^2} = \frac{L_{\max}^2 \ln(S_a) \ln(S_b)}{L_{ab}^2 P_a P_b}$$

式中:G_{ab}指的是生态环境斑块之间的作用力,即 a 和 b 之间的作用力,两个斑块间的权重用 N_a 和 N_b 表示,两斑块在廊道的阻力标准用 D_{ab} 表示,斑块的阻力用 P 表示,面积为 S,累计阻力值为 L,最大阻力值为 $L_{\max}$。

首先,将目标面要素文件(targets1)转换为点要素文件(targets1point)。然后,进行数据采样,用点要素文件(targets1point)从以斑块 1 为源地通过成本距离得到的成本距离栅格文件(distance1)中提取累积成本值。并采用同样的方法计算所有斑块之间生态廊道的累积成本值。

其次,使用重力模型公式计算两两生态斑块之间的相互作用矩阵,见表 6-8。

最后,根据相互作用矩阵中得分值的大小,得到 153 条连接廊道,其长度为542.33 km;结合仙林新城的城市总体规划和现状,对连接廊道进行筛选,将联系强度大于 50 的潜在重要生态廊道提取出来,得到基于重力模型计算的 48 条重要生态廊道,其长度为 425.92 km,见图 6-30,重要生态廊道的组成见表 6-9。

图 6-30　基于重力模型提取的重要生态廊道

表 6-8　两两生态斑块之间的相互作用矩阵

联系强度	1	2	3	4	5	6	7	8	9	10	11	12	13	14	15	16	17	18
1	0	14 405.36	7.931	48.029 59	11 355.51	7.227 261	143.416 3	62.968	25.438	43.581	925.623	77.300	197.234	2.079	2.051 9	4.447 1	28.558	18.659
2		0	3 085.1	168.842	35.047	6.962	9 895.764	60.916	37.619	7.798 3	7 742 542	42.354	266.271	13.702	1.954	33.754	47.017	24.433
3			0	8.413 5	3.078	2.426	7.305	47.637	160.90	109.47	3.878	14.479	5.935	101.49	0.585 4	45.845	21.255	1.415 9
4				0	67 007.5	6.078	149.536	54.244	33.302	6.816	15.80	37.584	50 993.8	12.079	1.702	30.10	42.179	21.695
5					0	5.766	11 061.08	46.439	29.379	6.424	14.074	32.752	163.043	10.887	1.635	25.580	34.788	18.843
6						0	60.868	11 722.0	149.77	1 420.5	27.852	234.65	50.162	2.658	2.623	6.759	356.56	258.82
7							0	51.808	31.945	6.599	15.177	35.988	229.935	11.623	1.652	28.719	40.067	20.765
8								0	44.009	7.501	26.561	124.01	223.684	15.007	1.782 8	44.618	38.934	30.049
9									0	700.58	22.696	164.18	39.005	59.522	2.341	5.881	210.02	162.72
10										0	32.973 1	373.33	66.821	38.116	2.299 5	6.600 1	205.76	244.49
11											0	40.754	80.821	10.528	1.045	39.176	70.149	24.077
12												0	2.949 3	54.374 6	3.473	4.436	4.713	2.98
13													0	1.255	1.060	1.30	1.285	0.941
14														0	1.047	36.443	20.766	42.05
15															0	447.51	141.25	197.81
16																0	3.629	3.824
17																	0	3.328 9
18																		0

表6-9 重要生态廊道的组成

类型	面积/km²	在生态网络中廊道的面积/km²	占研究区总面积的比例/%
林地	64.29	19.29	30.68
公园绿地	10.42	3.54	4.97
滨水绿地	1.26	0.75	0.60
防护绿地	4.28	2.14	2.04
道路绿地	6.65	3.66	3.17
水域	5.02	0.26	2.39
农田	22.75	0.15	10.86
交通用地	5.78	0.58	2.76
建设用地	82.72	0.0021	39.47
其他	6.41	0.26	3.06
总计	209.58	30.63	100

6) 仙林新城绿色基础设施网络的构建

最终形成由网络中心、重要生态廊道、一般廊道和小型场地组成的仙林新城绿色基础设施网络,见图6-31。

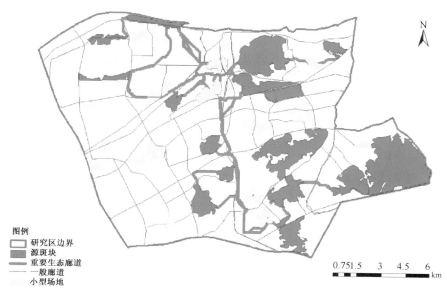

图例
☐ 研究区边界
■ 源斑块
━ 重要生态廊道
— 一般廊道
  小型场地

图6-31 仙林绿色基础设施网络布局

7）仙林新城绿色基础设施网络的分析

网络是连接不同的景观组分的常见景观结构之一，包括廊道网络和斑块网络。廊道网络通常由廊道与节点连接而形成，斑块网络由同质或异质的景观斑块通过廊道联系而构成。

（1）廊道密度　廊道密度表示网络中廊道的数量，常用单位面积的廊道总长度来表示。廊道的主要指标及廊道密度计算见表 6-10。

表 6-10　GI 网络中廊道的主要指标

序号	主要廊道指标	数量	单位
1	总廊道数	153	条
2	廊道总长度	542.33	km
3	重要廊道数	48	条
4	重要廊道长度	425.92	km
5	重要廊道密度	2.43	km/km^2

（2）节点　节点是廊道与廊道或廊道与斑块的交接区，是能量、物质和物种流动的源或汇（终点），包括交叉节点、附着节点和单条廊道的端点。本书对生态节点的提取主要基于累积消耗距离表面，运用 GIS 空间分析中的邻域分析和水文分析等功能，提取各源斑块之间的最大累积消耗距离路径，与最小消耗路径叠加，选取交叉处作为关键生态节点的位置。再根据《南京市城市绿地系统规划（2013—2020）》《南京市仙林副城总体规划（2011—2030）》相关内容的要求，利用仙林绿色基础设施调查的各类数据，综合考虑绿地的面积、空间分布、功能等要素，并结合生态保护、游憩、城市景观等需求，选出适宜节点 24 个，如图 6-32 和表 6-11 所示。

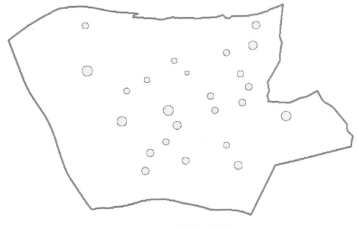

图 6-32　节点分布图

大部分位于生态廊道被城市道路穿越或城市建设用地侵占的地段,是生态廊道中的薄弱环节。

表 6-11 重要节点列表

序号	地理位置	现状及策略	影像
1	九乡河廊道与栖霞大道交汇处	九乡河廊道是仙林一条重要的水系生态廊道,此地段与栖霞大道和铁路相交叉,道路与防护绿地情况良好,要注意加强廊道的连通性,加大缓冲区	
2	九乡河廊道与312国道交汇点	此地段与312国道和铁路相交叉,道路与防护绿地现状较差,应加强绿地的修复,严格控制廊道宽度,道路穿越地段应采用涵洞等保证生物连通性	
3	九乡河廊道与仙林大道、羊山湖交汇点	此地段为九乡河与仙林大道、羊山湖及羊山湖森林公园的交汇处,周边高校多,水系丰富,绿地现状良好,廊道连通性好,应加强人文需求考量,建设多目标综合性生态廊道	
4	312国道、栖霞大道与栖霞山、工农路连接处	此地段位于栖霞山木森林公园的东侧,有农田,绿地现状良好,但周边有高速与铁路,并有水泥厂、砖瓦厂,可对厂矿企业进行搬迁,使其发挥更好的生态效益	
5	七乡河廊道与312国道交叉点	此地段位于七乡河廊道与312国道交叉差点,周边绿地现状较差,有大量裸露地,应加强绿化设计与河道缓冲区建设,注意道路连接处的廊道连通性	

序号	地理位置	现状及策略	影像
6	七乡河廊道与仙林大道交叉点	七乡河廊道位于仙林副城的东行政边界,其与仙林大道交汇处绿化情况一般,未经较好设计与建设,周边为居住区和待开发建设用地,须进一步加强绿地生态与景观建设	
7	汇通路与灵山根交汇处	此地段大多为林地和农田,但有厂矿企业,地铁 4 号线从此经过,且汇通路的未来延伸及走向等因素会造成较大影响,要进一步关注开发建设与绿地保护的关系	
8	学原路与灵山交汇处	此地段位于灵山,本身为山林地,是优良的绿色基础设施,但历史遗留有大面积开采矿石的裸露地,亟待修复,沿学原路的开发建设强度也应有一定控制	

(3)线点率 线点率是网络内每一个节点的平均连线数目,用 β 表示,$\beta = L/V$,L 为廊道数,V 为节点数。β 值通常的范围为 $0 \leqslant \beta \leqslant 3$,$\beta$ 为 0 时表示无网络存在,$\beta < 1$ 时网络呈现树状形态,$\beta = 1$ 表示有单一回路,当 $\beta > 1$ 时表示网络的水平连接更为复杂。

(4)网络连接度 网络连接度表示网络内所有节点的连接程度,用 γ 表示,$\gamma = L/3(V-2)$,L 为廊道数,V 为节点数,$3(V-2)$ 为最大可能的连接廊道数。γ 值通常的范围为 $0 \leqslant \gamma \leqslant 1$,$\gamma$ 为 0 时表示节点之间互不连接,当 γ 为 1 时表示每个节点都与其他各节点相连接。

(5)网络闭合度 网络闭合度是指网络中廊道形成闭合回路的程度,用 α 表示,$\alpha = (L-V+1)/(2V-5)$,L 为廊道数,V 为节点数,$L-V+1$ 表示网络中独立环路的实际数,$2V-5$ 表示网络中的最大可能环路数。α 值的常用合理范围为 $0 \leqslant \alpha \leqslant 1$,$\alpha=0$ 时表示网络中没有回路,$\alpha=1$ 时表示网络中具有最大可能的环路数量。

由此,可计算出仙林绿地网络的结构指标,见表 6-12。由数据可以看出,网络复杂性较高,但基本稳定。

表 6-12　GI 网络结构指标

指数	名称	公式	L 廊道数	V 节点数	计算结果
α	网络闭合度	$\alpha=(L-V+1)/(2V-5)$	48	24	0.58
β	线点率	$\beta=L/V$	48	24	2.0
γ	网络连接度	$\gamma=L/3(V-2)$	48	24	0.73

6.6.5　基于绿色基础设施的仙林绿地网络规划的层次

通过对南京仙林副城的概况和绿色基础设施的分析研究,可以看出其属于城乡共融、正在城市化的区域,既具有较好的自然生态系统,又兼顾着南京东部重要的副中心和联系"宁—镇—扬"都市圈的功能定位。因此,既要加强与老城区的联系,又要拓宽视野,积极加强与周边绿色基础设施的联系与整合,形成系统性、整体性强的绿色网络。通过重点功能生态系统保护、基础生态环境建设、生态恢复和重建、生态文化和生态管理体制等方面的建设,将其建设成为整体协调、环境优美、生物和景观多样、生态功能稳定安全、人居环境条件舒适、生态文明高度发达与和谐的现代化、生态型新城。绿地网络规划必须区别于传统城市建成区的绿地系统规划的分类与方法,应形成多层级、网络化的空间结构。

1) 区域范围

以生态大走廊建设推动生态圈发展,构建"生态＋"发展新模式,连通对整个区域的生态、经济、历史文化等有重要作用的绿地斑块和廊道,主要包括重要生态源地及主要生态廊道,是整个区域的基本生态框架。

在新城区内,栖霞山国家森林公园和灵山—桂山—龙王山绿地是南京市生态红线划定的一级管控区,灵山—桂山—龙王山绿廊可规划为连接主城紫金山和镇江宝华山的重要区域生态廊道;九乡河绿廊和七乡河绿廊的规划可适当向南延伸,连接汤山、青龙山,并加强与东山副城的联系。仙林大道绿廊、312 国道绿廊及宁杭(沪蓉)高速绿廊则作为区域层面的重要交通廊道,成为仙林副城与主城和东山副城之间联系的重要通道,形成"四横两纵"的网络结构,如图 6-33 所示。

2) 主要建成区范围

主要形态为防护绿地、道路绿地和公园绿地等各种附属绿地,以人工的绿化为主,连接起一般生态廊道和游憩网络路径,建成区层面的绿地网络系统具有各种功能综合性的特点,包含游憩休闲、净化环境和生物多样性等多种功能特色。建成区层面的绿地与居民的生活联系最为紧密,改善城市景观环境,为市民提供游憩娱乐、休闲健身的场所,但应注重与周围绿地的连接和渗透,如图 6-34 所示。

图 6-33　区域层面绿网

图 6-34　建成区主要绿地网络

3）规划区范围

规划区是指在城市、镇和村庄的建成区以外，因城乡建设和发展需要，必须统一实行规划控制的区域。其具体范围由相关人民政府依据已编制的城市总体规划、镇总体规划、乡规划和村庄规划的内容，再结合城乡经济社会发展水平和统筹城乡发展的需要来进行划定。

规划区绿地的组成内容更加多样化，更多地包括农田、林地、水塘等其他非城市建设用地。尤其是城乡连接区除具有一般的生产、生态、游憩、景观功能以外，还具有许多特殊的社会经济功能，出现了很多新的绿地形式，如高尔夫球场、体育训练基地、农业观光园等，其绿地的组成囊括了五大类绿地，但以"区域绿地"(EG)类居多。

（1）公园绿地　主要包括区域性公园、风景名胜公园、带状公园等，其在用地大小、种植方式、景观效果、使用功能的多元化和活动内容的多样化等方面不同于建成区公园，是生态屏障构成主体和休闲功能物质载体的最佳选择，可较好地达到多种效益的统一。

（2）防护绿地　主要包括道路防护绿地、高压走廊绿带、城市组团隔离绿带、防风林等，遵照各类用地特点以及各专业防护规范的有关要求，依据用地的特点和要求设置绿地的宽度和内容，较为科学。

（3）附属绿地　主要包括对外交通绿地和特殊绿地。

（4）区域绿地　主要包括风景名胜区、自然保护区、风景林地、湿地、水源保护区、生态涵养区以及花卉园、苗圃、农业观光园等生产绿地，如图 6-35 所示。

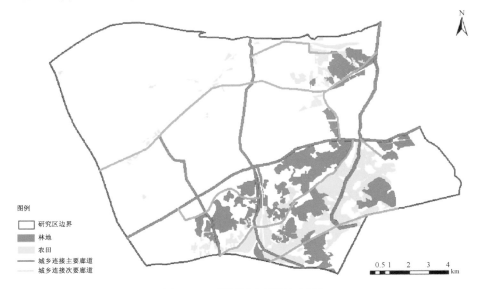

图例
- 研究区边界
- 林地
- 农田
- 城乡连接主要廊道
- 城乡连接次要廊道

0.5 1　2　3　4 km

图 6-35　规划区主要绿地网络

6.6.6 基于绿色基础设施的仙林绿地网络的片区规划

通过对仙林新城绿色基础设施的调查可以看出,新城大型生境斑块保存较完好,各组团的状况由于产业结构、开发的时间等各不相同,具体分析如下。

(1)栖霞组团 该地区森林覆盖率高,物种丰富多样,是仙林新城乃至南京市域范围内生态环境最好的地区之一,作为城市东部区域的天然氧吧也在整体绿地网络中具有举足轻重的作用。区内非建设用地占该区域总面积的 67.25%,大多为耕地。绿地网络结构主要以栖霞山森林公园为核心,以河网、路网为绿轴,再辅以社区公园绿地为补充,形成"点—线—面"结合的绿网结构。

(2)青龙组团 包括青龙山、龙王山以及汤山部分两大生境斑块,林地与农田面积较大,除了原有的村落,现已有一些高档住宅,未来也以高品质居住社区为主,生境斑块连接度较好,将要打造成为南京市的低碳、生态示范区,但桂山和龙王山由于采矿而造成了一定的破坏。现状建设用地比重较小,占该片区用地的16.93%,目前还未形成完整的道路系统,以乡村道路为主。绿地以山体林地为基质,结合山水资源整合形成山水视廊,并以沿河、沿路绿化进行连接,形成"点—线—面"结合的绿网结构。

(3)白象组团 该区域以七乡河、龙王山生态景观为优势,以仙林湖公园为主要生境斑块,还有谭家山、鲤鱼山等其他山体丘陵及林地,区域内主要是南京大学、高新科技研发、先进制造业(液晶谷)及住宅,绿色基础设施破碎化较严重,绿地斑块面积较小且布局分散。绿地以七乡河绿廊、龙王山和仙林湖为主要斑块,以道路绿地进行连接。

(4)灵山组团 该区域面积较小,以灵山及周围林地为主要斑块,但灵山及周围山体破坏较为严重,有一些农田与林地,但较为分散和破碎,仙林大道沿线开发建设力度较大,以居住区为主,灵山南麓有军事用地,也有不少厂矿企业,区域内有地铁 4 号线经过。绿地构建以灵山及面积较大的林地为主,以道路、防护绿地进行连接。

(5)仙鹤组团 该区域内有仙鹤山、羊山森林公园及羊山湖等生境斑块以及明外郭风光带生态廊道及部分林地,区域内以高等教育和住宅为主,已经完成城市化进程,主要通过道路绿地和七乡河滨水绿地进行连接。区域内非建设用地主要为林地和水域,约占区域总面积的 19.5%。绿地构建以仙鹤山、羊山森林公园为主,以道路、防护绿地进行连接。

(6)新尧组团 该区域是老工业区,包括金陵石化和新港开发区及国家级南京经济技术开发区,区域内有江边湿地公园、乌龙山及其他部分山体丘陵,但山体都遭受了一定程度的破坏,区域内绿地少,分散且面积较小。绿地构建以乌龙山及部分丘陵林地为主,以道路、防护绿地进行连接。

6.6.7 基于绿色基础设施的仙林绿地网络的子系统网络规划

在分析了新城各组团的功能和绿地要素之后,通过收集调查规划新城内与绿地建设密切相关的地形、气候、土壤、水文、植被、地质灾害等自然因素,对新城的绿地网络进行构建。

1)生态型网络

以保护生物多样性为目标的生态绿地网络,主要涵盖生态重要性评价较高的区域,包括源斑块及一级生态廊道。这部分生态网络是动物的主要栖息地及迁徙通道,应加大保护力度,尽量控制并减少人类活动入侵。主要包括栖霞山、桂山、龙王山、青龙山斑块及其之间的生态廊道,如图 6-36 所示。

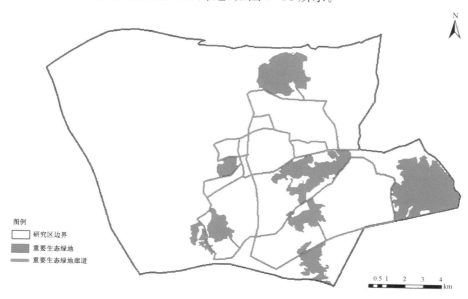

图 6-36　生态型网络

2)防护型网络

《园林基本术语标准》(CJJ/T 91—2002)和《城市绿地分类标准》定义"城市防护绿地"为:存在于城市中具有多重功能的绿地,包括卫生、隔离、安全防护等多方面功能。其中为了满足卫生、隔离和安全的要求,尽力避免自然灾害和城市公害对城市造成的危害,具体设置了道路防护绿地、卫生隔离带、防风林带、城市高压走廊绿带和城市组团隔离带等,对公害起到一定的减弱作用。城市防护绿地主要分布在城市周围地区,呈片状或者带状分布,对环境灾害有一定的预防和减轻作用,可以从整体和区域范围进行保护,提高改善城市生态环境。可分为农田防护林、防风沙林、毒热防护林、噪声防护林、水土保持林和水源净化林。

根据仙林新城的城市组团、产业空间布局结构、道路交通、风向等,规划防护隔离绿地网络,道路防护绿带主要包括高速公路、国道、省道、铁路、城市主干道及次干道,以仙林大道、312国道、九乡河东西路为主要框架;生产防护隔离绿地主要围绕新尧组团的金陵石化、新港开发区和白象组团的液晶谷,见图6-37。

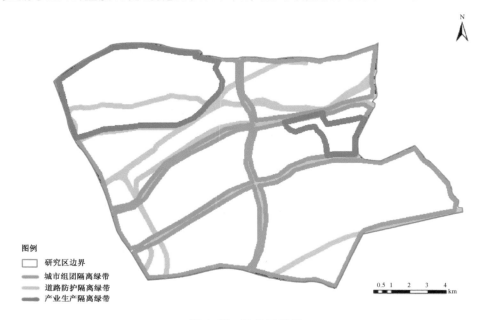

图例
□ 研究区边界
▬ 城市组团隔离绿带
▬ 道路防护隔离绿带
▬ 产业生产隔离绿带

0.5 1 2 3 4
━━━━━━━━━━ km

图6-37 防护型网络

3)游憩型网络

以历史和文化资源保护为目标的生态绿地网络,将特色资源开发、旅游路径开发、保护野生动植物有效结合起来,在促进旅游发展的基础上,促进土地循环再利用、改善环境。

历史文化与游憩绿地通过连接新城主要旅游资源及中小型生态绿地,形成网络系统,包括:① 市域级别的大型森林绿地和水域;② 社区级绿地公园;③ 沿河流或沿城市次干道等线性绿地,空间形式丰富,类型多种多样,能够为游客提供各种服务体验,以满足人们多样化的活动需求。因此,规划纳入人文因子构建历史文化与游憩绿地网络,发挥绿地生态网络资源的潜在社会价值,实现绿色基础设施导向的自然保护与开发使用需求的文化游憩网络,如图6-38所示。

最终将所有类型的绿地网络进行叠加,形成以龙王山—桂山—灵山生态带为背景,由"两横一纵"绿地生态廊道为主骨架,各片区楔形绿地(绿轴)伸入片区内部,并通过环状绿带联系各片区内绿地,共同组成仙林副城的完整绿色生态网络,见图 6-39。

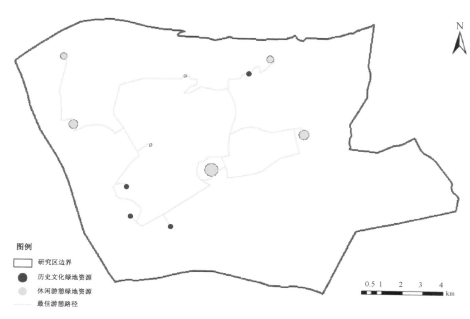

图例

◻ 研究区边界

● 历史文化绿地资源

◯ 休闲游憩绿地资源

— 最佳游憩路径

图 6-38 游憩型网络

图 6-39 综合绿地网络

将以绿色基础设施网络为基础构建的仙林绿地网络结构与《南京市仙林副城总体规划(2011—2030)》中规划的绿地结构相比,定量化使绿地空间结构更加科学和准确,具有明显的优越性。

(1)网络化　绿地空间网络结构更加系统和完善,空间结构趋于稳定。

(2)生态性　潜在生态廊道使网络化空间结构的连通性增强,生物多样性得到保护与发展,生态功能得以发挥,生态效益增强。

(3)功能多元　除了生态功能,还可承载文化和社会要素,为历史资源保护、休闲娱乐提供空间,可达性增强,进一步完善社会和经济等职能。

(4)绿地景观化　生态的连通性也增强了绿地空间的连接,提升绿地的景观品质,可游、可赏、可体验性得到加强。

6.7　基于绿色基础设施的新城绿地规划的优化策略分析

6.7.1　对规划范围做绿色基础设施空间分析

运用绿色基础设施理论,对新城规划范围内的绿地设施进行分类处理,涉及网络中心斑块的形状、数目、尺度、位置以及生态过程和连接廊道的数目、宽度、构成等,对新城的绿色基础设施空间网络进行分析,通过分析所得出的各项指数,为新城绿地系统规划提供规划基础,并结合新城的规划、生态保护用地与实际状况,将现有的自然资源联系起来,整体融合汇通起来,形成一种新的结构网络。这种设施网络结构是一种新型的绿色基础设施,然后运用GI技术对新城构建绿形成新型绿地系统。

6.7.2　寻求潜在生态廊道,疏通重要生态廊道,优化网络连通性

生态廊道是一个"骨架",用以控制生态系统能量、信息和物质的流动,生态廊道的位置选择对于整个生态系统网络的高效运行有着非常重要的作用,除了可以为生态系统中的生物提供栖息繁衍的场所和生存的空间之外,还可以变成城市通风廊道,在一定程度上对城市的空气和环境进行改善。其中,必须遵循以下原则:

(1)生态作用较高的重要绿地生态廊道,应被划为严格控制的非建设用地加以保护,对已破坏地区要进行生态恢复。具体策略包括灵山—桂山—龙王山廊道由于采矿受到的破坏,必须进行修复;栖霞山东侧江南水泥厂等也在进行搬迁和功能转换,以加强与东边峨嵋山连接廊道的联系;乌龙山随着未来10年的新尧片区的化工厂的搬迁与城市更新,也将通过各种廊道加强与栖霞山的廊道连接;栖霞山

和灵山—桂山—龙王山之间也要通过谭家山建立连接廊道,在 312 国道绿廊和仙林大道绿廊之间建立起纵向连接廊道;随着宁—镇—扬一体化发展的深入,加快建设栖霞山、青龙山、汤山等与镇江宝华山之间的联系廊道;加强九乡河、七乡河水系廊道的建设,适度调整缓冲区,提高其生态效益。

（2）生态廊道中存在的人工建筑物会直接影响生态廊道的功能发挥,应尽可能将人工建筑物适当集中,并严格控制面积。

（3）潜在生态廊道在与城市景观及休闲游憩功能重合时,要优先考虑其自然生态的属性与需求。

潜在生态廊道的连通性受城市道路交通的影响,会对物种的迁徙路径及路线环境产生阻碍作用及影响。影响的大小主要取决于道路自身的交通量、宽度,道路沿线的植被覆盖及生境变化以及物种本身的活动习性等因素。其对物种迁徙的影响可以分为两种类型,一类是由于公路建设对廊道范围内土地的占用所产生的直接影响,另一类是公路上车辆运行所产生的污染噪声以及公路建设带来的人类活动等对栖息地的间接影响。这些道路对于经济活动而言是最便捷的通道,但是必须严格控制并尽可能将其对所穿越区域的干扰降到最低。具体要求及控制措施如下:① 道路的选线应尽最大可能地避免经过生态敏感地区,当不得不穿越时,在高度敏感性的脆弱地带,必须沿交通线路建立完善的防护林带,并形成由疏林、灌木及地被等组成的自然错落的景观。② 在道路与物种迁徙走廊的交叉处,采用"多功能隧道"(Multifunctional Tunnel)的形式,建立上下行生物通道以及警示标示、防护措施,方便动物穿越人类活动干扰区,将绿色空间保护、建设与道路的规划建设相结合,体现对人类活动和生物迁徙双重需求的尊重,如图 6-40。③ 协调道路与周围环境的关系,尽可能不造成对原有自然山体或者森林植被的毁坏,利用边坡生态修复技术积极修复道路边坡,使用本地植被,便于迅速确保道路两旁自然植被

图 6-40 多功能隧道示意图

群落景观的稳定性等。④ 应提倡沿交通干线的城镇呈组团式发展,避免带状无序蔓延的发展方式。

6.7.3 结合城市产业和区划合理布局新城绿地网络

城市承担的职能分工决定了城市的性质与主导产业。不同的产业对环境的要求各不相同,如仪表制造、电子产品、光学仪器、精密机械、精细化工等工业产业应按卫生标准和工艺对空气洁净程度的要求,采取最大程度的隔离与保护措施,使各类精密精细生产不受粉尘和污染空气的侵袭。

在新城中工业区和其他城市区域之间必须用绿地进行隔离,城市不同自然或行政区域之间也可以通过绿地进行分隔,系统的绿地也是用来控制区域制扩张的手段。新城防护绿地应在原有新尧片区基础上,加强白象片区液晶谷的防护绿地建设,加强铁路、高压线等的隔离防护绿地建设。

6.7.4 结合自然绿地结构和主要路网构建城市绿廊

河流以及农田防护林网是重要的生态廊道,也是规划区域中自然绿地结构的重要组成部分,其优美的景色和丰富的动植物资源也是重要的景观视廊。因此,沿河流的绿化廊道以及结合游憩休闲功能的绿地廊道建设用以提高各绿地斑块之间的连通性,不仅利于物种的迁徙、扩散,对于缓解建成区热岛效应、城市污染以及吸纳交通噪声等提升环境品质方面也具有重要作用。

道路交通系统是城市运行的主要工具,伴随着我国城市开发速度的提升,很多的道路建设等越来越完善,交通出行方式也越来越方便和多样化。在新城区的交通干道有国道、高速公路、省道、县道、城市主次干道等,还有高速铁路和城际铁路等。除此之外,在水体较为丰富的区域,人工河道和天然的水道等也是城市交通的重要组成部分。

因此,应在仙林主要的城市干道上加宽道路绿地、丰富绿地空间层次,提升城市道路绿化的景观性,在城市外围和内部的城市快速干道,城市、城际轨道和铁路沿线等修建沿路防护林带。通过对城市中重要绿廊以及城市交通网络的绿化,最终构成相互联系的城市绿廊,并利用道路绿化或小型绿地斑块加强生境斑块之间的连通性。

6.7.5 增加小型绿地斑块,提高网络的连通性

新城中的各个单位都有自己的围合起来的附属绿地,这一直是我国建筑空间的主要构造形式,具有很强的封闭性和内向性,也一直延续到现代城市的建设中。但这种内向性和隔离性造成了城市附属绿地被隔离成单独的小块,彼此之间不能

形成良好的连通性,一些面积较小的边角绿地得不到很好的利用,反而成为空间死角。因此,在一定范围内开放单位附属绿地,之前日本筑波新城就实施这种做法,并增加新城中的城市公园、专类园及街旁边公园、带状绿地等作为网络中的踏脚石,使绿地具有更好的连通性和景观性。

6.7.6　农业地带的保护与合理利用

城市化带来了空间格局的影响和变化,很多新城和大城市群周边都涉及因数千年来的艰辛耕种而形成的具有较高生态和文化价值的精华农业地带,需要划定农业保护区,并将农田、村落、风景要素和民俗风情等整合进行整体、系统的保护与利用。对农业地带的保护和合理利用有利于避免土地市场化、资产化带来的乡村地区萎缩和"空心化";有利于区域城镇自然空间格局的优化;有利于政府在农业地区管理中效能的发挥;有利于地方粮食安全、食物供给和特色农业经济的发展。

荷兰兰斯塔德地区的发展模式展现了城市地区农业地带保护的一种特殊的发展路径,将农业地带作为重要的绿色基础设施,发挥其生态农业、雨水贮存和休闲游憩的功能,使其得到良好的保护与发展,如图6-41所示。

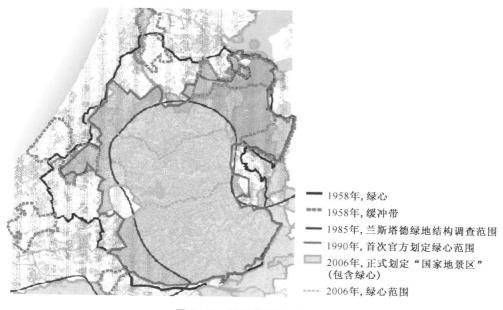

图例:
— 1958年,绿心
┅ 1958年,缓冲带
— 1985年,兰斯塔德绿地结构调查范围
— 1990年,首次官方划定绿心范围
▨ 2006年,正式划定"国家地景区"(包含绿心)
┅ 2006年,绿心范围

图 6-41　兰斯塔德绿心规划

来源:袁琳.荷兰兰斯塔德"绿心战略"60年发展中的争论与共识:兼论对当代中国的启示[J].国际城市规划,2015(6):50-56.

6.7.7　棕地的修复

国内外对棕地普遍意义上的定义是指工业企业在经过较长期的生产活动后遗留下的土地,这些土地及场地环境都有相当程度的破坏和污染。仙林新城中灵山、桂山、龙王山等有不少矿山、采石厂和水泥厂等,开采之后留下了光秃和残破的山体,植被几乎完全被破坏,生境通道被打断。据相关专家估算,被破坏的植被依靠自然的办法进行恢复至少要 100 年时间。过度开采、水质污染等问题,都应有相关保护利用的原则和具体恢复措施。

其修复理念要"以自然恢复的方式拯救自然",必须利用生态系统的自我恢复功能,辅以人工措施,使遭到破坏的山体、林地和整个生态系统逐步恢复并向良性循环方向发展。

6.7.8　挖掘多元功能价值,融入地域历史文脉,构建游憩网络

在以生物保护为出发点的多层级绿地生态网络的基础上,从市民游憩需求的角度出发连接新城范围内的各历史文化及休闲游憩等资源点,以生态保育为基础,对兼具康体健身、游憩休闲、科研教育、历史文化遗产保护等多种功能的绿地网络结构进行优化。按照可达性、连续性、功能兼容等规划原则,融合历史文化保护、休闲游憩、娱乐教育等多种功能。新城应加大力度打造土城头文化景观带、石山历史风貌区、灵山生态休闲区、九乡河滨水休闲带、桂山运动体验区、龙王山景观区、七乡河滨水生态带,改善新城中可游憩点不足的状况,并对游憩路径提出如下优化调整的策略:

(1)绿地网络中的游憩路径主要线路尽量外移,选择生态敏感度较低区域穿越,内部自然风光优美区域可采用支线的形式建设,尽量减少人为活动种类,避免破坏生态系统的自然演替。

(2)对于已开发建设区域应加强管理力度,严格控制和引导进一步的开挖建设,并尽量采取生态技术手段降低干扰影响程度。如果必须穿越内部栖息地,游览路径要尽可能的狭窄,将对野生生物及边缘生物造成的影响和干扰降到最小,并尽可能使用瞭望、俯瞰及其他干扰性较小的方式在这些敏感区进行教育和体验活动。尽可能使用渗透性覆盖物或自然材料防止对敏感区域土地的破坏。

本章小结

本章构建了仙林新城的 GI 网络,并结合新城现状绿地系统、区域绿地系统规划以及基本生态控制线划定范围,从优化总体景观格局、实现多元功能价值的角度

提出仙林新城绿地生态网络的构建与绿地空间优化策略,对新城建设有重要的启示与现实指导意义。

(1) 通过绿地网络的构建和连通性分析,说明生态廊道对于解决生态景观破碎化问题的重要作用,优化策略主要针对生态连接问题,包括对生态廊道的选线和如何合理建设不同类型的廊道。

(2) 在绿地生态网络层级划分的基础之上,深入挖掘其所能承担的多元功能,对新城绿地网络选线进行了适当的优化调整,并综合整体绿地生态网络的等级及生态与人文的双向目标提出兼容多种功能的方案,实现提高生态和谐的最终目标。

新城处于正在城市化的过程中,也正面临着一些城市功能的调整与整合,应充分利用绿色基础设施规划构建"生态+"发展新模式,指导新城规划或提出新城建设优化策略,推动新城与老城乃至都市圈的生态、经济、历史文化的联系与发展。

(1) 优先性 新城开发的建设必须由政府牵头主导,协同各单位、机构与组织,优先进行绿色基础设施规划,首先构建好基于"生态原则"的安全的生态空间格局。

(2) 整体性 新城建设须统筹考虑绿色基础设施网络的整体性与连通性,做好新城建设用地与外围环境、新城与相邻行政区域等的协调发展,使新城真正融入都市圈的一体化发展。

(3) 可持续性 基于绿色基础设施网络的科学利用土地,确定保护区域与开发利用强度,提高土地利用,促进精明增长与精明保护的可持续发展。

(4) 多元性 以绿色基础设施多元综合特性,解决新城的生态、经济、游憩、景观、历史文化的多重功能需求。

(5) 适应性 新城建设不是一蹴而就的,绿色基础设施的长期性和持续性的弹性发展,可以适应仙林新城建设面临的难以预计的问题,不断调整空间格局以适应变化,使新城处于不断完善和发展的动态的、开放的过程。

(6) 宜人性 城市绿地景观网络的构建除了考虑其生态功能之外还要融合"宜人"的功能,即融合人的需求,充分发挥城市绿地的生态社会经济功能,减缓人们都市生活、工作的紧张压力,构建满足居民需求的新城绿地网络。结合居住区与人口的数量、社会属性等的空间分布,对城市绿地的可达性及其空间格局进行定量分析,强调城市绿地空间分布格局与服务功能的社会公平性。

更为重要的是,绿色基础设施与我国的生态红线规划、绿地系统规划及城市规划"七线"等更好地融合,才能真正解决新城建设所面临的问题,实现生态宜居、可持续发展的目标。

7 总结与展望

新城开发建设过程中,绿地系统受到城市土地利用的制约、土地市场冲击及人工干扰问题的高度胁迫,破碎化严重。在城市发展和经济利益的驱动下,新城中的绿地规划不能受到应有的重视,绿地预留受到城市各方限制而寸步难行,绿色空间受到挤压和侵占而越变越狭窄、破损、断裂甚至消失。绿色网络的连接性根本得不到实施和保证,即使存在绿色廊道,也往往由于宽度、数量和连接性不佳而不能发挥绿色功能和效应,成为"绿色孤岛"。这确实是我们的城市所面临的问题。吴良镛先生曾在2002年就指出规划的核心意图不仅在于规划的建造部分,更重要的是在于对留空非建设用地的保护,水系、绿地、农田、湿地、沼泽等作为绿色基础设施骨架的重要组成要素,应该是绿色的、生态的,并且与城市中的其他相关市政基础设施一样,承担着提升人类及其生存环境质量的重要作用,是城市重要的自然支撑系统。

基于绿色基础设施网络构建的绿地网络化空间结构,可以对生态的可持续发展进行保持,对自然恢复和生态系统的功能进行维持,对整体环境的恢复能力进行提升,在经济发展最大化的基础上实现资源环境的最合理运用,对于生态环境多样性的保护和自然变化进行保护,且同时涵盖环境、生态、人文各个层面,使之既能保护生态环境、连通物种迁徙路径、保护大型栖息地等,又能带动经济、游憩、历史文化遗产保护的发展,最终达到城市生态环境改善的目的,增强新城的吸引力。因此,绿地网络化空间结构的构建应该引起广泛重视,并不断发展使之成为适应中国实情的新型绿地体系规划途径。

本研究通过对新城绿地网络的基础性研究、技术平台的搭建以及实例验证,为新城绿地生态网络的构建建立了一个绿色基础设施理论的整体框架,但由于本书篇幅有限,今后,在以下四个方面仍可继续深入探讨:

一是运用生态网络、景观生态学及城乡统筹理论,并将新城土地利用与发展目标纳入分析与验证体系进行加权分析,同时以市域绿地发展为目标构建新城绿地网络验证的指标与方法,对新城绿地网络实施方案进行验证,得到适宜的绿地网络方案。这样既能促进新城长远发展,又能平衡新城绿地与市域绿地的统一、协调发展,丰富新城绿地结构的网络构建与验证实施的理论。

二是如何加强城乡结合地带的生态衔接,科学确定城乡连接廊道的选线、适宜宽度、廊道密度以及完善弹性保护框架下多功能协调策略,使城乡空间实现真正、有效的融合。

三是运用生态化和景观化的技术手段解决绿地结构网络中可实施的重要潜在生态廊道的连接问题,使之既能满足生态连通的需要,又能达到美景度的要求。

四是要在基于 GI 的绿地网络基础上,继续进行新城绿地系统的规划,具体落实五大类绿地的规划,尤其要深入加强"区域绿地"(EG)规划编制的研究,以使新城的绿地系统规划能更加翔实和更具有现实性与可实施性。

五是建立适合我国国情的绿色基础设施评价体系,总结与完善基于绿色基础设施理论的绿地规划程序、技术标准与评价指标,建立并推广行业标准和规范。主要包括以下内容:① 我国现有绿色资源的统计与汇总,结合 GI 网络确定开发用地的定位和发展模式,并作为评判城乡的标准;② 指导重点保护区和可恢复发展区的确定,可能成为网络的区域和正在消失的区域,采矿地等可能被恢复的 GI 网络用地均属于 GI 网络的范畴;③ 形成具有预见性、整体性、系统性、多尺度的保护与发展评价体系,有利于合理的区域规划、总体规划、社区规划和绿地系统等规划的决策;④ 将人工开敞空间和城市中散落的绿地纳入评价体系,建立生态指标。

综上所述,笔者认为,新城新区的建设相比旧城区应该更注重生态保护、城市功能、土地利用效率和开发强度的控制,具有更大的可塑性和弹性空间。因此,新城规划时首先要做基于生态保护的 GI 规划,确定保护区域与等级,然后再分区域明确开发的功能与开发强度,在此基础之上,才能科学、合理、完整地对新城绿地空间进行系统的、网络化的构建,营造真正生态性、景观性和使用性等都能满足社会生态文明发展需求的绿色空间,实现人与自然和谐共生、共同繁荣的美好愿景。

当然,新城绿地的规划建设需要多部门、多学科的综合支持,内容浩繁丰富,由于笔者的学科限制和部分数据缺乏,故对绿地生态网络的保护等级、保护强度和生态节点的确定等内容,还需要在收集调查得到更为准确的数据后再进行划分与确定。本书的深度和广度都还很不够,还需要城市规划、景观生态学、交通规划、产业规划、社会学及艺术学等多学科的合作,本书旨在对 GI 理念下新城绿地结构网络化构建的研究抛砖引玉,更多的真知灼见还有待于更多的学者来提出和验证。

参考文献

［1］吴良镛.中国城市发展的科学问题［J］.城市发展研究,2004,11(1):9-13.

［2］于立.“生态文明”与新型城镇化的思考和理论探索［J］.城市发展研究,2016,23(1):19-26.

［3］刘士林,刘新静,孔铎,等.2015中国大都市新城新区发展报告［J］.中国名城,2016(1):34-48.

［4］胡欣,江小群.城市经济学［M］.上海:立信会计出版社,2005.

［5］于丛聪.从人类中心主义到自然中心主义［J］.赤峰学院学报(汉文哲学社会科学版),2014,35(11):51-52.

［6］左玉辉.环境学［M］.2版.北京:高等教育出版社,2010.

［7］中华人民共和国国家统计局.2013中国统计年鉴［M］.北京:中国统计出版社,2013.

［8］刘鉴强.中国环境发展报告(2013)［M］.北京:社会科学文献出版社,2013.

［9］《中国城市发展报告》编委会.中国城市发展报告(2012)［M］.北京:中国城市出版社,2013.

［10］朱志荣.中国美学的“天人合一”观［J］.西北师大学报(社会科学版),2005,42(2):17-20.

［11］安德烈斯·杜安伊,杰夫·斯佩克,迈克·莱顿.精明增长指南［M］.王佳文,译.北京:中国建筑工业出版社,2014.

［12］王国爱,李同升.“新城市主义”与“精明增长”理论进展与评述［J］.规划师,2009,25(4):67-71.

［13］伊恩·伦诺克斯·麦克哈格.设计结合自然［M］.芮经纬,译.天津:天津大学出版社,2006.

［14］查尔斯·瓦尔德海姆.景观都市主义［M］.刘海龙,刘东云,孙璐,译.北京:中国建筑工业出版社,2010.

［15］杨锐.景观都市主义的理论与实践探讨［J］.中国园林,2009,25(10):60-63.

［16］马强,徐循初.“精明增长”策略与我国的城市空间扩展［J］.城市规划学刊,2004(3):16-22.

［17］肖笃宁,李秀珍,高峻,等.景观生态学［M］.北京:科学出版社,2010.

［18］肖笃宁,李秀珍.当代景观生态学的进展和展望［J］.地理科学,1997,17(4):356-364.

［19］邬建国.景观生态学:概念与理论［J］.生态学杂志,2000,19(1):42-52.

［20］陈克龙,苏旭.生物地理学［M］.北京:科学出版社,2013.

［21］孙龙,国庆喜.生态学基础［M］.北京:中国建材工业出版社,2013.

［22］哈肯.高等协同学［M］.郭治安,译.北京:科学出版社,1989.

［23］Steiner F. Landscape ecological urbanism:Origins and trajectories［J］. Landscape and Urban Planning,2011,100(4):333-337.

［24］Waldheim C. The landscape urbanism reader［M］. New York:Princeton Architectural Press,2006.

［25］Comer J. Terra fluxes［C］// Wdheim C. The Landscape Urbanism Reader. New York:Princeton Architectural Press,2006.

［26］Comer J. Recovering landscape:Essays in contemporary landscape theory［M］. New York:Princeton Architectural Press,1999.

［27］Sinclair K,Hess G,Moorman C,et al. Mammalian nest predators respond to greenway width,landscape context and habitat structure［J］. Landscape and Urban Planning. 2005,71(2-4):277-293.

［28］Linehan P E. Strategies for forestry success:Examples from the early years of the pennsylvania forestry association［J］. Journal of Forestry,2005,103(5):224-229.

［29］乌杰.系统哲学基本原理［M］.北京:人民出版社,2014.

［30］翟俊.基于景观都市主义的景观城市［J］.建筑学报,2010(11):6-11.

［31］车生泉.城市绿色廊道研究［J］.城市规划,2001,25(11):44-48.

［32］贾铠针.新型城镇化下绿色基础设施规划研究［D］.天津:天津大学,2013.

［33］Benedict M A,McMahon E. Green infrastructure:Linking landscapes and communities［M］. Washington DC:The Conservation Fund and Island Press,2006.

［34］裴杰.基于绿色基础设施理论的小城镇绿地系统规划初探［J］.建筑与文化,2016(1):128-129.

［35］许贝斯.基于绿色基础设施理论的武汉市水系空间规划研究［D］.武汉:华中科技大学,2012.

［36］任洁."绿色基础设施"专项研究［D］.北京:清华大学,2013.

［37］王海珍.城市生态网络研究［D］.上海:华东师范大学,2005.

［38］杜鹃.城市化进程中绿色基础设施的弹性规划途经研究［D］.重庆:西南大

学,2013.

［39］吴伟,付喜娥.绿色基础设施概念及其研究进展综述［J］.国际城市规划,
2009,24(5):67-71.

［40］栾博,柴民伟,王鑫.绿色基础设施研究进展［J］.生态学报,2017,37(15):
5246-5261.

［41］贾行飞,戴菲.我国绿色基础设施研究进展综述［J］.风景园林,2015(8):118-
124.

［42］佚名.国家统计局:2014年中国城镇化率达到54.77％［EB/OL］(2015-01-
20)［2020-5-20］.http://politics.people.com.cn/n/2015/0120/c70731-
26417968.html.

［43］张炜,刘晓明.美国城市绿色基础设施规划建设政策研究［J］.建筑与文化,
2017(2):211-212.

［44］王梦儒,于博,任祺卉.城市绿色基础设施建设规划设计探究［J］.建材与装
饰,2018(20):128.

［45］Artmann M,Kohler M,Meinel G.精明增长与绿色基础设施如何相互支
持:紧凑绿色城市的概念框架［J］.城市规划学刊,2018(1):126.

［46］邵大伟,刘志强,王俊帝.国外绿色基础设施研究进展述评及其启示［J］.规
划师,2016,32(12):5-11.

［47］牛帅.绿色基础设施在城乡规划体系中规划策略研究［C］//中国城市规划学
会.持续发展 理性规划:2017中国城市规划年会论文集(8 城市生态规划).
北京:中国建筑工业出版社,2017.

［48］李远.城市绿色基础设施(GI)网络构建与规划策略研究［D］.雅安:四川农
业大学,2016.

［49］李博.绿色基础设施与城市蔓延控制［J］.城市问题,2009(1):86-90.

［50］裴丹.绿色基础设施构建方法研究述评［J］.城市规划,2012,36(5):84-90.

［51］卜晓丹.基于GIA的深圳市绿地生态网络构建研究［D］.哈尔滨:哈尔滨工
业大学,2013.

［52］张晋石.绿色基础设施:城市空间与环境问题的系统化解决途径［J］.现代
城市研究,2009,24(11):81-86.

［53］戴菲.城市与绿色基础设施［J］.风景园林,2013(6):157.

［54］曹静娜.绿色基础设施规划与实施研究［D］.重庆:重庆大学,2013.

［55］朱澍.基于绿色基础设施的广佛地区城镇发展概念规划初步研究［D］.广州:
华南理工大学,2011.

［56］周艳妮,尹海伟.国外绿色基础设施规划的理论与实践［J］.城市发展研究,

2010,17(8):87-93.

［57］ Benfield F K ， Terris J,Vorsanger N . Solving sprawl:Model of smart growth in communities across America［M］. Cambridge：Natural Resources Defense Council，2001.

［58］宗敏丽.城市绿色基础设施网络构建与规划模式研究[J].上海城市规划, 2015(3):104-109.

［59］张媛.绿色基础设施视角下的非建设用地保护与利用策略研究[D].武汉:华中农业大学,2013.

［60］赵晨洋,张青萍.绿色基础设施的规划模式研究:以南京仙林副城为例[J]. 林业科技开发,2014(5):136-140.

［61］刘娟娟,李保峰,南茜若,等.构建城市的生命支撑系统:西雅图城市绿色基础设施案例研究[J].中国园林,2012,28(3):116-120.

［62］付喜娥,吴人韦.绿色基础设施评价(GIA)方法介述:以美国马里兰州为例 [J].中国园林,2009,25(9):41-45.

［63］李咏华.基于 GIA 设定城市增长边界的模型研究[D].杭州:浙江大学, 2011.

［64］ Weber T,Sloan A ，Wolf J. Maryland's green infrastructure assessment：Development of a comprehensive approach to land conservation[J]. Landscape and Urban Planning,2006,77(1-2):94-110.

［65］李开然.绿色基础设施:概念,理论及实践[J].中国园林,2009,25(10):88-90.

［66］黎玉才.绿色基础设施,城乡一体绿化的新理念[J].林业与生态,2011(9): 38-39.

［67］ Walmsley A. Greenways:Multiplying and diversifying in the 21st century [J]. Landscape and Urban Planning,2006,76(1-4):252-290.

［68］ Adriaensen F,Chardon J P,de Blast G ，et al. The application of "least-cost" modelling as a functional landscape model [J]. Landscape and Urban Planning,2003,64(4):233-247.

［69］ McDonald L,Allen W,Benedict,et al. Green Infrastructure plan evaluation frameworks[J]. Journal of Conservation Planning,2005,1(1):12-43.

［70］ Williamson K S,CPSI. Growing with green infrastructure[C]. RLA,CPSI,Heritage Conservancy，2003.

［71］林雄斌,杨轶,田宗星.绿色基础设施规划与实践导则:欧盟、北美和英格兰的经验与启示[C]//中国城市规划学会.城乡治理与规划改革:2014 中国城市规划年会论文集(07 城市生态规划).北京:中国建筑工业出版社,2014.

［72］杜鹃,张建林.连通性和多功能性景观:英格兰西北区域绿色基础设施实践探析［J］.绿色科技,2013(3):118-120.

［73］刘国鹏.城市边缘区绿色基础设施研究［D］.成都:西南交通大学,2013.

［74］吴晓敏.英国绿色基础设施演进对我国城市绿地系统的启示［C］//中国风景园林学会.中国风景园林学会2011年会论文集:巧于因借 传承创新(下册).北京:中国建筑工业出版社,2011.

［75］埃比尼泽·霍华德.明日的田园城市［M］.金经元,译.北京:商务印书馆,2010.

［76］张捷,赵民.新城规划的理论与实践:田园城市思想的世纪演绎［M］.北京:中国建筑工业出版社,2005.

［77］杨斌,王玉靖.大城市发展的理性选择:国内外新城建设的理论梳理与案例分析［J］.浙江工商职业技术学院学报,2009,8(2):12-15.

［78］黄小金,刘欣.浅析英国哈罗新城区域绿色基础设施规划［J］.农业科技与信息(现代园林),2010(5):72-75.

［79］朱金,蒋颖,王超.国外绿色基础设施规划的内涵、特征及借鉴:基于英美两个案例的讨论［C］//中国城市规划学会.城市时代,协同规划:2013中国城市规划年会论文集(05工程防灾规划).北京:中国建筑工业出版社,2013.

［80］李超楠.面向绿色基础设施的城市规划弹性研究［D］.大连:大连理工大学,2014.

［81］付喜娥.绿色基础设施规划及对我国的启示［J］.城市发展研究,2015,22(4):52-58.

［82］王静文.城市绿色基础设施空间组织与构建研究［J］.华中建筑,2014,32(2):28-31.

［83］刘家琳,李雄.东伦敦绿网引导下的开放空间的保护与再生［J］.风景园林,2013(3):90-96.

［84］Northam R M. Urban geography［M］. New York:John Wiley & Sons,1975.

［85］王洋.论美国新城建设及其对中国的启示［J］.中国名城,2012(10):59-63.

［86］苏艳.国外新城开发的经验研究［J］.上海房地,2013(9):51-54.

［87］林华,龙宁.西欧的新城规划［J］.现代城市研究,1998(4):57-61.

［88］赵煦.英国"新城运动"述评［J］.宁德师专学报(哲学社会科学版),2006(2):58-61.

［89］朱孟珏,周春山.国内外城市新区发展理论研究进展［J］.热带地理,2013,33(3):363-372.

［90］黄珍，段险峰.城市新区发展的经济学研究方法初探［J］.城市规划，2004，28（2）：43-47.

［91］梁宏志.城市新区建设开发的链群机理分析［J］.经济师，2010（7）：11-12.

［92］蔡伟丽，申立.新区实践与城市发展理念新动向［J］.地域研究与开发，2008，27（6）：11-14.

［93］王剑锋.我国城市新区开发建设管理模式研究［D］.南京：东南大学，2004.

［94］郑国.开发区发展与城市空间重构［M］.北京：中国建筑工业出版社，2010.

［95］邵军.产业导向型城市新城区的发展研究［D］.南京：东南大学，2006.

［96］白家泽.城市新区景观生态建设研究［D］.开封：河南大学，2010.

［97］陈晓璐，潘文斌.武夷新区土地利用变化及景观格局研究［J］.环境科学与管理，2013，38（12）：63-68.

［98］胡玥.多尺度绿色基础设施网络结构的规划研究［D］.上海：华东师范大学，2016.

［99］张炜，杰克•艾亨，刘晓明.生态系统服务评估在美国城市绿色基础设施建设中的应用进展评述［J］.风景园林，2017（2）：101-108.

［100］刘京一，张梦晗，林箐.巴黎城市规划体系中的绿色基础设施构建方法与启示［J］.风景园林，2017（3）：79-88.

［101］王凤婷.基于绿色基础设施的环境可持续发展探究［J］.现代园艺，2017（22）：142.

［102］The North West Green Infrastructure Think-Tank. North west green infrastructure guide［S］. UK：The Community Forests Northwest and the Countryside Agency，2006.

［103］Mell I C. Green infrastructure：concepts，perceptions and its use in spatial planning［D］. Newcastle upon Tyne：Newcastle University，2010.

［104］付彦荣.中国的绿色基础设施：研究和实践［C］//中国风景园林学会.2012国际风景园林师联合会（IFLA）亚太区会议暨中国风景园林学会2012年会论文集：风景园林让生活更美好（下册）.北京：中国建筑工业出版社，2012.

［105］Forman R T T，Wilson E O. Landscape mosaics：The ecology of landscapes and regions［M］. Cambridge ：Cambridge University Press，1995.

［106］朱强，俞孔坚，李迪华.景观规划中的生态廊道宽度［J］.生态学报，2005，25（9）：2406-2412.

［107］梅联华.对城市化进程中文化遗产保护的思考［J］.山东艺术学院学报，2011（2）：4-8.

［108］孙逊.基于绿地生态网络构建的北京市绿地体系发展战略研究［D］.北京：北

京林业大学,2014.

[109] 商振东.市域绿地系统规划研究[D].北京:北京林业大学,2006.

[110] 齐常清.基于GI理念的沈北新区绿地系统规划研究[D].哈尔滨:东北林业大学,2014.

[111] 国土资源部,国家统计局,国务院第二次全国土地调查领导小组办公室.第二次全国土地调查主要数据成果的公报[EB/OL](2013-12-30)[2020-05-20]. http://www. mnr. gov. cn/zt/td/decde/dccg/gb/201312/t20131230_1999391. html.

[112] 李敏.城市绿地系统与人居环境规划[M].北京:中国建筑工业出版社,1999.

[113] 俞孔坚,李迪华.论反规划与城市生态基础设施建设[C]//中国风景园林学会成都市建设委员会,四川省成都市园林局.国家自然文化遗产保护和人居环境园林绿化建设(中国科协2002年学术年会第22分会场论文集),2002(9):15-21.

[114] 刘秀晨.进一步提升北京城市园林绿化建设的水平:构建城乡一体的绿地系统[J].北京园林,2009,25(3):3-5.

[115] 金云峰,周聪惠.《城乡规划法》颁布对我国绿地系统规划编制的影响[J].城市规划学刊,2009(5):49-56.

[116] 黄学贤,齐建东.农村城镇化进程中依法规划方面存在的主要问题探析[J].云南大学学报(法学版),2010,23(6):103-108.

[117] 刘立国.基于城乡规划法的城乡绿地系统规划体系及方法研究:以六安市城乡绿地系统规划为例[D].武汉:华中科技大学,2011.

[118] 卢珺.大庆市林源新区绿地系统规划研究[D].哈尔滨:东北林业大学,2012.

[119] 郑堡元.统筹城乡发展的绿地系统规划初探[D].重庆:西南大学,2009.

[120] 刘纯青.市域绿地系统规划研究[D].南京:南京林业大学,2008.

[121] 张晋.基于城市与自然融合的新城绿地整合性研究[D].北京:北京林业大学,2014.

[122] 殷柏慧.城乡一体化视野下的市域绿地系统规划[J].中国园林,2013,29(11):76-79.

[123] 刘纯青,王浩.城市绿地系统规划中"其他绿地"规划的探讨[J].中国园林,2009,25(3):70-73.

[124] 中华人民共和国建设部.城市绿地系统规划编制纲要(试行)[M].北京:中国建筑工业出版社,2002.

[125] 王艳君. 城乡一体化的绿地系统规划与建设研究[D]. 北京:北京林业大学,2009.

[126] 林世平,梁伊任.市域绿地系统规划初探(上)[J].西北林学院学报,2008,23(2):204-207.

[127] 沈德熙. 城市总体规划的空间范围应扩大[J]. 城市规划汇刊,1997(5):10-13.

[128] Benedict M A,McMahon E T. Green infrastructure:Smart conservation for the 21st century[J]. Renewable Resources Journal,2002,20(3):12-17.

[129] Tzoulas K,Korpela K,Venn S, et al. Promoting ecosystem and human health in urban areas using green infrastructure:A literature review[J]. Landscape and Urban Planning,2007,81(3):167-178.

[130] OESV Rooij S. Ecological networks:A spatial concept for multi-actor planning of sustainable landscapes[J]. Landscape and Urban Planning,2006,75(3):322-332.

[131] 刘滨谊,王鹏.绿地生态网络规划的发展历程与中国研究前沿[J].中国园林,2010,26(3):1-5.

[132] Randolph J. Environmental land use planning and management[M]. Washington DC:Island Press,2004.

[133] 高青. 基于 GIS 的绿道规划分析方法与应用研究[D]. 长沙:湖南大学,2012.

[134] 牛彦军. 城市化过程中土地可持续利用研究[D]. 北京:中国地质大学,2008.

[135] 刘滨谊,王云才,刘晖,等. 城乡景观的生态化设计理论与方法研究[C]//中国风景园林学会. 中国风景园林学会 2009 年会论文集:融合与生长,2009:364-369.

[136] 孟原旭,王琛. 基于绿色基础设施的绿地系统规划方法探析[J]. 规划师,2013,29(9):57-62.

[137] U G Sandström. Green infrastructure planning in urban Sweden[J]. Planning Practice and Research,2002,17(4):373-385.

[138] Zhang Q M(张秋明). Green infrastructure[J]. Land and Resources Information,2004(7):35-38.

[139] 单汝波.城市基础设施的人类工程学初探[J].信息技术,2007,31(8):167-168,172.

[140] 张文慧.雨水和再生水资源化在绿色基础设施中的应用研究[D].南京:南京林业大学,2013.

[141] 张浪. 特大型城市绿地系统布局结构及其构建研究[D]. 南京:南京林业大

学,2007.

[142] Daily G. Nature's services:Society dependence on natural ecosystems [M]. Washington DC:Island Press,1997.

[143] 赵彩君,傅凡.气候变化:当代风景园林面临的挑战与变革机遇[J].中国园林,2009(2):1-3.

[144] Hellmund P. Quabbin to Wachusett wildlife corridor study [D]. Cambridge:Harvard University,1989.

[145] Zhang L Q,Wang H Z. Planning an ecological network of Xiamen Island (China) using landscape metrics and network analysis[J]. Landscape and Urban Planning, 2006,78(4):449-456.

[146] Kong F,Yin H,Nakagoshi N,et al. Urban green space network development for biodiversity conservation:identification based on graph theory and gravity modeling [J]. Landscape and Urban Planning,2010,95(1-2):16-27.

[147] Wickham J D,Riitters K H,Wade T G ,et al. A national assessment of green infrastructure and change for the conterminous United States using morphological image processing[J]. Landscape and Urban Planning,2010, 94(3-4):186-195.

[148] 应君,张青萍,王末顺,等.城市绿色基础设施及其体系构建[J].浙江农林大学学报,2011,28(5):805-809.

[149] 徐波,郭竹梅,贾俊.《城市绿地分类标准》修订中的基本思考[J].中国园林,2017,33(6):64-66.

[150] 高影.北京新城绿地系统规划研究[D].哈尔滨:东北林业大学,2008.

[151] 王平建.城市绿地生态建设理论与实证研究[D].上海:复旦大学,2005.

[152] 刘颂,姜允芳.城乡统筹视角下再论城市绿地分类[J].上海交通大学学报(农业科学版),2009,27(03):272-278. .

[153] 刘晋文.深圳市新城建设对城市空间结构优化研究[D].哈尔滨:哈尔滨工业大学,2008.

[154] 张晓佳.城市规划区绿地系统规划研究[D].北京:北京林业大学,2006.

[155] 王鹏.从卫星城到北京新城[D].北京:清华大学,2005.

[156] 罗志强.基于生态规划的新城绿地系统结构研究[D].武汉:华中农业大学,2006.

[157] 沈磊.快速城市化时期浙江沿海城市空间发展若干问题研究[D].北京:清华大学,2004.

[158] 张晰.大都市郊区新城绿地系统规划研究:以上海市松江新城绿地系统规划

为例[D].上海:上海交通大学,2014.

[159] 贾振毅.城市生态网络构建与优化研究[D].重庆:西南大学,2017.

[160] 侍昊.基于RS和GIS的城市绿地生态网络构建技术研究[D].南京:南京林业大学,2010.

[161] 孔繁花,尹海伟.城市绿地功能的研究现状、问题及发展方向[J].南京林业大学学报(自然科学版),2010,34(2):119-124.

[162] Koomen E,Dekkers J,van Dijk T. Open-space preservation in the Netherlands:Planning,practice and prospects[J]. Land Use Policy,2008,25(3):361-377.

[163] 张尚路.山水城市绿地系统规划研究[D].济南:山东建筑大学,2011.

[164] 张云路.基于绿色基础设施理论的平原村镇绿地系统规划研究[D].北京:北京林业大学,2013.

[165] 刘滨谊.城镇绿地生态网络规划研究[J].建设科技,2010(19):26-27.

[166] 裴丹.生态保护网络化途径与保护优先级评价:"绿色基础设施"精明保护策略[J].北京大学学报(自然科学版),2012,48(5):848-854.

[167] 胡道生,宗跃光,许文雯.城市新区景观生态安全格局构建:基于生态网络分析的研究[J].城市发展研究,2011,18(6):37-43.

[168] 杜士强,于德永.城市生态基础设施及其构建原则[J].生态学杂志,2010,29(8):1646-1654.

[169] 徐波,赵峰,李金路.关于城市绿地及其分类的若干思考[J].中国园林,2000,16(5):29-31.

[170] 杨赉丽.城市园林绿地规划[M].北京:中国林业出版社,2006.

[171] 刘纯青,王浩.再探城市绿地系统规划中"其他绿地"的规划[J].中国园林,2012,28(5):51-53.

[172] 曲雪光,林爱文,李建武.关于《土地利用现状分类》国家标准的探讨[J].湖南农业科学,2008(4):89-90.

[173] 马锦义.论城市绿地系统的组成与分类[J].中国园林,2002,18(1):23-26.

[174] 孙雁,付光辉,吴冠岑,等.南京市土地整理项目后效益的经济评价[J].南京农业大学学报,2008,31(3):145-151.

[175] 蔡滢滢,牟守国,肖波,等.南京市土地利用与城市化水平的协调度研究[J].山东农业大学学报(自然科学版),2011,42(1):145-149.

[176] 陶卓民,沙蕾.南京森林公园旅游开发初探[J].江苏商论,2004(7):125-127.

[177] 高吉喜,邹长新,王丽霞.划定生态保护红线 深化环境影响评价[J].环境影

响评价,2014(7):11-14.

[178] 李效顺.基于耕地资源损失视角的建设用地增量配置研究[D].南京:南京农业大学,2010.

[179] 方敏.南京市仙林大学城 5 所高校校园植物景观研究[D].南京:南京农业大学,2011.

[180] 朱国飞.南京仙林大学城规划区景观生态格局变化与优化研究[D].南京农业大学,2011.

[181] 王艳君,姜彤,吕宏军.快速城市化地区的土地利用时空动态变化研究:以南京市为例[J].长江流域资源与环境,2005,14(2):168-172.

[182] 黄德军.南京市仙林大学城中心商业区业态趋势分析[D].南京:南京理工大学,2005.

[183] 罗志强.基于生态规划的新城绿地系统结构研究[D].武汉:华中农业大学,2006.

[184] 王芳.城市生态基础设施安全研究[D].武汉:华中科技大学,2005.

[185] 孟鹏.城镇化发展的适度性研究[D].北京:中国农业大学,2014.

[186] 尹海伟,孔繁花,祈毅,等.湖南省城市群生态网络构建与优化[J].生态学报,2011,31(10):2863-2874.

[187] 孔繁花,尹海伟.济南城市绿地生态网络构建[J].生态学报,2008,28(4):1711-1719.

[188] 许文雯,孙翔,朱晓东,等.基于生态网络分析的南京主城区重要生态斑块识别[J].生态学报,2012,32(4):1264-1272.

[189] 贾俊.我国大城市城乡结合部地区绿地规划建设中若干问题的探讨[D].北京:北京林业大学,2004.

[190] 孙化蓉.城市防护绿地的布局与结构[D].南京:南京林业大学,2006.

[191] 袁琳.荷兰兰斯塔德"绿心战略"60 年发展中的争论与共识:兼论对当代中国的启示[J].国际城市规划,2015,30(6):50-56.

[192] 陈波,包志毅.国外采石场的生态和景观恢复[J].水土保持学报,2003,17(5):71-73.

[193] 孙贤斌,刘红玉.土地利用变化对湿地景观连通性的影响及连通性优化效应:以江苏盐城海滨湿地为例[J].自然资源学报,2010,25(6):892-903.